레이싱 데이터 분석기법과 활용

정상명 지음

PROLOGUE

2014년에 자동차 공학과를 졸업하고, 현재까지 구동력 제어, 차체자세 제어장치 개발을 하고 있다. 이 업무를 하면서 고성능 전기차인 EV6 GT 개발 프로젝트도 참여하게 되었고, 이 프로젝트를 계기로 서킷 주행의 재미를 알게 되었다.

현재 중고로 구입한 BMW M2 차량을 운용하며, 간간히 서킷 주행을 즐기고 있다. '개 버릇 남 못 준다'고, 엔지니어 생활을 하면서 배웠던 것들을 Aim Solo2 DL 장비를 활용하여 M2 차량에서 데이터 분석을 시작하였다.

서킷 주행을 즐기는 대부분의 사람들이 고가의 GPS 계측 장비를 갖추고 있음에도, 주로 랩타임 계측과 인캠 동영상 촬영의 용도로만 사용하고 있는 것을 보았다. 차량 개발일을 하면서 익혔던 나의 작은 지식이 서킷 주행을 즐기는 분들에게 조금이나마 도움이 되기를 바라는 마음으로 이 책을 집필하게 되었다.

이 책을 통해 차량의 문제점, 드라이빙 개선 방향 등에 대해 단순히 느낌만으로 설명하는 것이 아닌, 정량적 데이터로 표현하고 분석하는 문화가 시작되었으면 하는 바람이다.

이 책에서 사용된 모든 데이터는 「M2 차량」과 「Aim Solo2 DL 계측 장비」를 사용하여 직접 계측한 데이터이다. Aim에서 제공하는 RaceStudio3 프로그램을 활용하여 데이터 분석을 진행하였다.

현재 자동차에 관한 내용을 주로 다루는 네이버 블로그도 운영 중이다. (블로그명 : EiTACO)

레이싱 데이터 분석에 어려움을 겪고 있는 부분이 있다면, 이곳에서 같이 생각해 보고 의견을 나눌 수 있으면 좋을 것 같다.

2023년 12월

정상명

추천사

'카레이싱'이라고 하면 일반인들이 접하기 어려운 스포츠 분야였다.

특히 어려운 소프트웨어와 고가의 계측장비로만 운전 주행데이터 수집이 가능했기 때문이었다.

과거에 저처럼 레이싱을 시작했던 선수들은 선배의 조언과 경험에만 의존해서 실력을 향상시킬 수밖에 없었다.

이 과정은 상당히 비효율적이였으며 지금 생각해 보면 잘못된 방법이라고 생각되는 것들도 있었다.

지금은 이런 데이터로깅 장비들의 가격이 비교할 수 없을 정도로 내려갔고, 소프트웨어도 User-friendly하게 되어 일반인들도 얼마든지 이러한 장비들을 쉽게 이용할 수 있는 시대이다.

나보다 실력있는 드라이버의 데이터만 있다면, 드라이빙을 짧은 시간에 쉽게 향상시킬 수 있게 되었다.

오로지 데이터로깅 분석만이 가장 저비용으로 시행착오를 줄일 수 있고 본인의 기량을 향상시킬 수 있는 유일한 방법이다.

이 책은 일반인들이 쉽게 자신의 서킷 주행 데이터를 스스로 분석하고, 주변 사람들에게 도움을 줄 수 있는 좋은 안내서가 될 것이다.

저자도 자동차공학을 전공하고 이 분야의 전문가로서 원리적이고 실용적으로 쉽게 서킷 주행 데이터를 분석하는 방법을 안내한다.

그래서 주행 데이터에 대한 중요성을 알고 있는 모터스포츠 매니아라면 이 책은 필독서라 할 수 있겠다.

다시 한번 간만에 모터스포츠의 저변 확대에 기여할 만한 훌륭한 책의 출간을 축하드린다.

카레이서 최장한

추천사

최첨단의 스포츠 F1부터 다양한 카테고리의 카레이싱은 이미 오래 전부터 데이터 싸움이 되었다.

기술이 발전하면서 데이터 로거(DAS, Data Acquisition System)는 더욱더 정교해졌고, 차량의 상태와 성능 그리고 드라이버가 차량에 전달하는 인풋까지 정확하게 모니터링할 수 있다.

이젠 트랙을 달리기 위한 필수 장비로 데이터 로거를 대부분 활용하고 있으며, 드라이빙의 나침반으로 우리는 Best Lap을 향해 질주하고 있다.

이제 막 출간한 「레이싱 데이터 분석기법과 활용」은 드라이빙 나침반 데이터로거 활용의 지침서로서, 드라이버가 보다 정확한 경로와 드라이빙으로 지름길을 아주 쉽게 안내하고 있다.

뿐만 아니라 데이터에 대한 이해를 바탕으로 드라이빙에 적용할 수 있도록 차량의 동역학과 드라이빙의 기초도 다양하게 언급하고 있다. 입문자들에게는 필수 지침서로 활용해도 전혀 손색이 없음을 강조한다.

많은 비기너들은 트랙에 코스인하여, 1lap.. 10lap.. 100lap. 무작정 자신의 감각에만 의존하여 달리고 요동치는 랩타임에만 집중한다.

"이제부터는 데이터 싸움"이다.

데이터 로거를 활용하여 자신의 정상 Fastest Lap을 정복해 가길 바란다.

한편, 대한민국에서 지극히 소수집단의 소용임에도 불구하고 집필하고 출판을 허하는 양상은 그저 고마울 따름이다.

에버랜드 스피드웨이 파트장
손성욱(이학박사/前 카레이서)

CONTENTS

제 I 편 개념 정리

제Ⅱ장 분석과 튜닝

03 레이싱 데이터 분석 / 55

부록 Aim Solo2 DL 데이터 로거 및 RS3 간단 사용법

제 I 편 개념 정리

01 데이터 로거 셋업

02 기본적인 차량 역학

01 데이터 로거 셋업

1. 레이싱 데이터 계측의 필요성

레이싱 데이터 계측이 왜 필요할까?

전문 레이싱 팀에서는 레이스 정보 자체가 무기가 된다. 1/1,000초를 다투는 실제 레이스에서 작은 정보의 차이로도 순위가 급격히 바뀐다. 더 많은 정보가 모일수록, 레이싱 팀은 더 좋은 판단과 결정할 수 있기 때문이다.

그림 1-1 르노 F1 팀의 데이터 분석 화면

취미로 서킷을 주행하는 일반인도 마찬가지로 레이싱 데이터로 알 수 있는 정보들은 정말 유용하다. 본인의 **운전 스타일**을 **데이터**를 통해 정확히 알 수 있고, 잘못된 부분과 개선 방법에 대해서도 객관적인 데이터를 통해 판단할 수 있다.

차량 움직임에 대한 보다 깊은 이해 또한 레이싱 데이터를 통해 얻을 수 있다. 현재 차량의 셋업이 어떤 부분이 부족한지, 어떤 튜닝을 진행해야 효과적일지, 단순히 주관적인 감이 아닌 정량적인 데이터를 통해 판단할 수 있다.

2. 데이터 로거의 선택

레이싱 데이터 분석에 앞서 첫번째로 해야 될 것은 데이터 로거를 선택하고 구매하는 것이다. 데이터 로거의 하드웨어 성능, 지원하는 분석 SW도 중요하지만, 장비의 가격 역시 중요하다. 시중에 판매되는 여러 제품 중, 전세계적으로 많이 사용하고 있는 제품 위주로 제품 정보를 정리해 보았다.

데이터 로거	RaceChrono	Aim Solo2 DL	VBOX HD2	MoTeC CDL3
가격 (현재 환율 기준)	앱 무료 다운로드 가능	630 파운드	3,895 USD	2,250 USD
GPS 데이터	1 Hz (GPS receiver 구매 시 향상 가능)	25 Hz	10 Hz	10 Hz
차량 CAN 계측	OBD2 reader 구매 시 일부 가능	가능(1 채널)	가능(1 채널)	가능(2 채널)
내장 센서	G-sensor/Gyro	G-sensor/Gyro	X	G-sensor/Gyro
그 외	휴대폰 카메라로 영상 촬영 가능, 추가 기능 사용시 비용 발생	전용 CAM 구매 가능(1350 파운드)	고해상도 전용 듀얼 CAM 기본 지원	전문 레이싱 팀 타겟의 서비스 지원 (추가 센서 장착 가능)

이 외에도 3Secondz, Laptor2 Mini 데이터 로거가 시중에 많이 쓰이지만, 3secondz 제품의 경우 현재 단종되어 더 이상 판매하지 않고, Laptor2 Mini의 경우 차량 CAN 데이터를 계측하는 기능이 없어 제외시켰다.

그림 1-2 위쪽은 Aim Solo2 DL, 아래쪽은 VBOX HD2 제품 패키지

가볍게 서킷을 즐기는 목적으로 랩 타임 계측 정도만 필요하다면, 레이스크로노 앱을 강력 추천한다. 무료로 이 앱을 다운받아 사용 가능하다는 점과 적절한 거치대만 있다면, 휴대폰 카메라로 촬영까지 가능하다.

무료 앱을 통해 간단히 즐기다가, 추가 장비를 연결하여 본격적인 데이터 계측까지 가능한 점이 레이스크로노의 가장 큰 장점이다. (GPS 리시버를 이용하여, GPS 계측 성능을 높일 수 있고, OBD2 장치를 이용하여, 일부 차량 CAN 데이터를 계측할 수 있다. 액션캠을 추가하여 레이스크로노 앱과 연결하면 영상과 데이터를 함께 계측할 수도 있다.)

단점도 있다. 첫째로 OBD2 커넥터를 통한 CAN 데이터 계측에 한계가 있는 편이다. OBD2 포트의 CAN 데이터가 막혀서 양산되는 추세이고, 뚫려 있더라도 계측할 수 있는 데이터 수가 다른 데이터 로거에 비해 적다.

둘째로, 데이터 분석 프로그램의 기능이 많이 부족한 편이다. 간단히 기본 데이터 확인은 가능하지만, 조금 깊이 있게 데이터 분석을 하기엔 부족함이 있다.

그림 1-3 레이스 크로노 어플리케이션의 휴대폰 사용 화면

그림 1-4 OBD 커넥터를 통해 차량 데이터를 블루투스로 받을 수 있는 OBDLink MX+ 제품

데이터 로거에 어느 정도 돈을 투자할 용의가 있다면, 가장 추천하는 제품은 Aim Solo2 DL이다. 데이터 로거 장비는 630파운드, 전용 캠인 SmartyCAM3 Sport는 665파운드에 Aim 공식 인터넷 샵에서 판매 중이다.

가격 대비, 좋은 GPS 성능과 함께 차량 CAN 데이터 계측까지 지원 가능하다. 차종별 CAN 라인 따는 법, 계측 가능한 CAN 시그널 리스트도 홈페이지를 통해 함께 제공된다.

장비 내부에 G 센서, 자이로 센서가 탑재되어 있는 것도 유용하고, Aim에서 제공하는 데이터 분석 프로그램인 RaceStudio3 또한 깊이 있는 분석을 하기에 전혀 부족함이 없다.

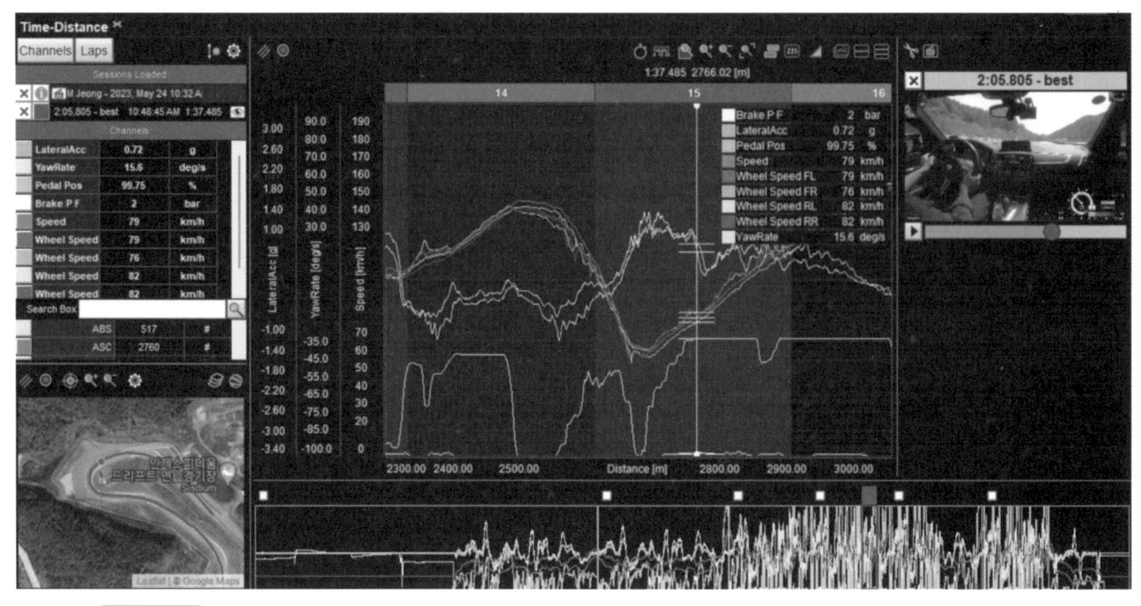

그림 1-5 Aim에서 제공하는 분석 프로그램인 RaceStudio3 화면

VBOX HD2와 MoTeC 제품은 전문 모터스포츠 팀에서 사용하기에 보다 적합한 장비이다.

레이스카에 추가적인 외부 센서를 장착하여 데이터를 계측하는 경우 또는 모터스포츠 경기 중 엔지니어들과 실시간으로 데이터를 주고받을 수 있는 텔레메트리 시스템을 구축하는 경우 등에 이들 장비를 활용하기 좋다.

특히 MoTeC은 엔진 ECU 맵핑 솔루션도 제공하기 때문에, 맵핑 장비와 데이터 로거 장비를 같이 사용하기 편리하다.

두 장비 모두 가격적인 부분에서 단순 취미 목적으로 사용하기에 꽤 부담되기 때문에, 위와 같은 특수 목적이 있지 않다면 그리 추천하지 않는다.

그림 1-6 VBOX 장비를 이용하여 서킷 주행 중 데이터를 획득하고 있는 모습

3. 데이터 로거 설치

차량 CAN 데이터 계측이 불가능한 데이터 로거의 경우, 큰 무리 없이 스스로 매뉴얼대로 설치가 쉽다. (전원 케이블은 보통 시거잭 전원에 연결하고, 디스플레이 화면은 석션컵을 이용하여 전면 유리에 설치하면 끝이다.)

하지만 차량 CAN 라인에 직접 연결이 필요한 경우, 배선 작업을 하는데 숙련된 기술이 필요하다.

차량 내에서 어떤 ECU의 CAN 선에서 작업할지 그리고 CAN 라인 핀 번호 또는 라인 색깔 정보를 사전에 확인한 뒤 배선 작업을 시작해야 된다.

CAN 데이터란?

차량 내에는 수많은 ECU(전자식 컨트롤 유닛)가 존재한다. 엔진 ECU, 변속기 ECU, 브레이크 ECU, 자율주행 ECU, 바디컨트롤 ECU 등 차량 내의 여러 ECU들끼리 서로 데이터를 주고받는 방식이 바로 **CAN**(Controller Area Network) 통신이다.

CAN 라인은 아래 그림과 같이 CAN High와 CAN Low 두 개의 선으로 구성되어져 있고, CAN High, Low의 전압 차이로 데이터를 주고받는다. 이 CAN 라인을 따서 데이터 로거와 연결하면 CAN 데이터를 읽을 수 있다. (이 전압 차이 신호를 제대로 된 데이터로 변환시켜줄 CAN 데이터 파일도 필요하다.)

차량 CAN 데이터 계측을 통해, 추가적인 외부 센서 작업 없이, 레이싱에 필요한 데이터를 쉽게 획득할 수 있다.

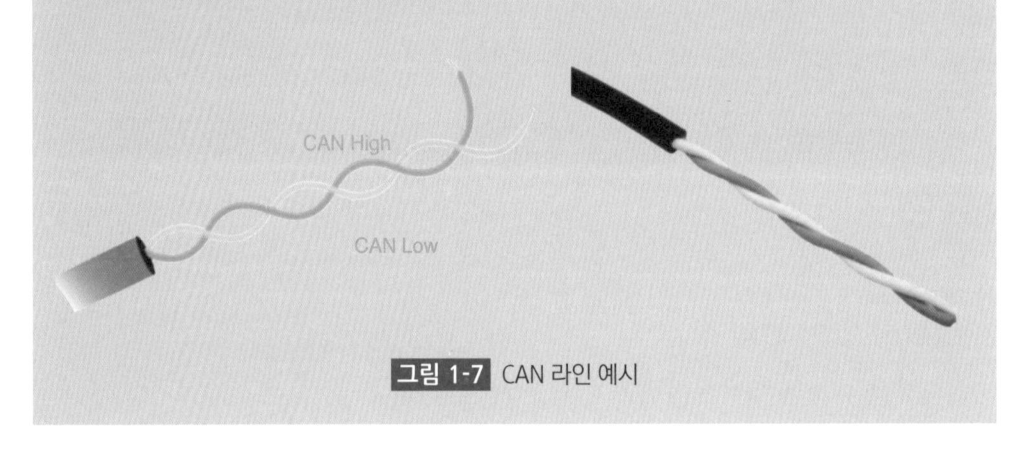

그림 1-7 CAN 라인 예시

보통 데이터 로거 업체 홈페이지에 차종별 CAN 작업 방법에 대한 매뉴얼을 아래 사진과 같이 제공한다.

Pin function	BMW ECU cable colour	AiM cable label	AiM color cable
CAN High	Blue/Red	CAN+	White
CAN Low	Red	CAN–	Blue

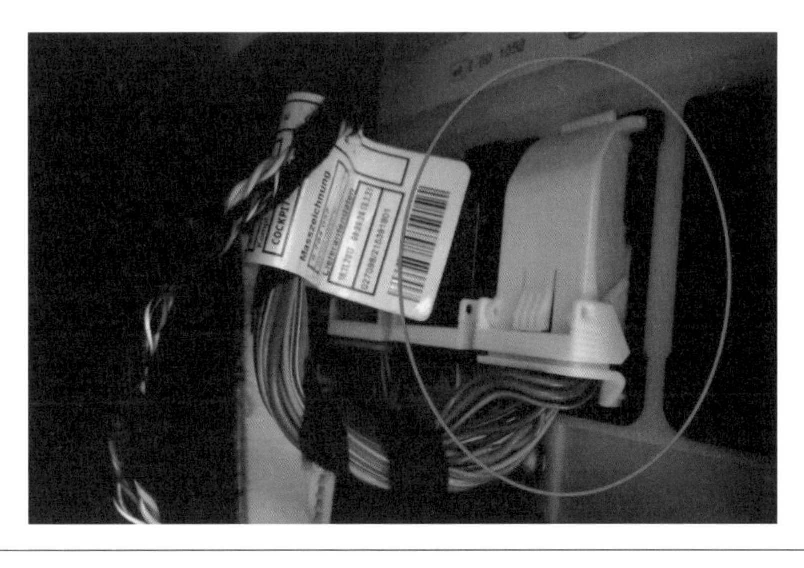

그림 1-8 BMW F시리즈 CAN 라인 정보(Aim 홈페이지 제공)

이러한 작업을 해 본 적이 없다면, 튜닝샵에 작업을 의뢰하길 강력 추천한다. (보통 10~20만원 정도의 비용으로 가능하다.) 배선 작업에 전문적인 도구가 필요하기도 하고, 이러한 작업에 익숙하지 않다면 트랙 주행 중 해당 라인에 문제가 발생하여 데이터 로깅에 차질을 빚을 수도 있다.

그림 1-9 차량 장착 작업이 완료된 Aim Solo2 DL 장비와 Smarty CAM

4. 계측할 데이터 리스트

표 1-1은 기본적인 데이터 분석을 위해 필요한 데이터 리스트이다.

데이터 로거를 선택하기 전에 본인 차량에서 지원 가능한 CAN 데이터 리스트를 데이터 로거 제조사 웹사이트를 통해 확인하고 데이터 로거를 구매하는 것을 추천한다.

실제 레이스 차량의 경우 아래 리스트 외에 추가적인 데이터 계측을 위해 많은 외부 센서들이 장착된다. 타이어 온도 센서, 디스크 온도 센서, 휠별 브레이크 유압 센서, 서스펜션 높이 위치 센서, 공기흐름 동압(動壓) 센서 등 정말 많은 센서가 전문 레이스 팀에서 사용된다.

이러한 데이터까지 계측하여 활용할 수 있으면 더 좋겠지만, 비용적으로 일반인 취미 수준은 아니라고 생각된다. 이러한 외장 센서가 필요한 데이터는 제외하고, 일반적인 데이터 로거에서 지원 가능한 GPS 데이터와 CAN 데이터 위주로 리스트를 만들었다.

표 1-1 계측할 데이터 리스트

	BMW F시리즈 데이터 이름	데이터 출처	단 위	비 고
1	Steering Angle	CAN	deg	운전자 조향각, (좌턴 -, 우턴 +)
2	Pedal Pos	CAN	%	운전자 가속페달 조작량 (0~100%로 출력)
3	Brake P F	CAN	Bar	운전자 제동 압력(전륜)
4	Gear	CAN	-	현재 기어 단수
5	Engine rpm	CAN	rpm	엔진 rpm
6	Engine Torque	CAN	Nm	엔진 토크
7	Speed	GPS	km/h	차량 속도
8	Wheel Speed (FL/FR/RL/RR)	CAN	km/h	휠 속도
9	InlineAcc	Internal G sensor	g	종가속도
10	LateralAcc	Internal G sensor	g	횡가속도
11	YawRate	Internal Gyro	deg/s	요레이트
12	Amb T	CAN	℃	대기 온도
13	Eng T	CAN	℃	엔진 냉각수 온도
14	Oil T	CAN	℃	엔진 오일 온도
15	Gear T	CAN	℃	변속기 오일 온도
16	Battery Volt	CAN	Volt	배터리 전압

	BMW F시리즈 데이터 이름	데이터 출처	단 위	비 고
17	YawrateStr	Math Channel	deg/s	운전자 스티어링에 의한 요레이트 계산값
18	Wheel Slip Ratio	Math Channel	%	휠슬립률
19	G-Sum	Math Channel	g	종가속도와 횡가속도 벡터 합 크기

① 운전자 데이터 (표 1-1 1~4번)

운전자에 의해 조작되는 데이터이다.

스티어링을 얼마나 부드럽게 하는지, 언제 브레이킹을 시작하는지, 가속페달을 점진적으로 부드럽게 전개하는지, 변속 타이밍이 적절한지 등을 운전자 데이터를 통해 평가할 수 있다.

② 차량 거동 데이터 (표 1-1 5~11번)

운전자의 조작량에 따라 차량의 거동으로 출력되는 데이터이다.

각 상황에서 차량의 움직임을 해당 데이터로 분석할 수 있다.

③ 차량 상태 데이터 (표 1-1 12~16번)

냉각수, 오일 온도, 배터리 전압 등 가혹 조건에서도 항상 일정 범위 내로 유지되어야 하는 차량 상태 데이터이다.

엔진 맵핑 또는 파워트레인 관련 튜닝을 했다면 특히 면밀한 확인이 필요하다.

④ 사용자에 의해 직접 계산된 데이터, Math Channel 데이터(표 1-1 17~19번)

차량 거동 데이터를 이용하여 조금 더 깊은 데이터 분석을 위해, 임의로 계산된 데이터이다.

요레이트 분석시, 오버스티어/언더스티어 파악을 위한 기준 요레이트 데이터(17번), 각각의 휠별 종그립 사용량을 확인할 수 있는 휠슬립률 데이터(18번), 타이어 그립 사용량을 확인할 수 있는 G-Sum 데이터가 있다.

Solo 2 DL ID 6513684 (WiFi)

Live Measures | Download | WiFi and Properties | Settings | Tracks | Predictive Reference Lap | Counters | Logo | Firmware

mV

ECU channels			
Eng Load	23.53 %	**Rpm MAX**	6550 #
Pedal Pos	0.00 %	**Ambient P**	1.01 bar
Throttle	20.00 %	**Brake P F**	0.0 bar
Long Acc	-0.11 g	**Brake P R**	0.0 bar
Lat Acc	-0.14 g	**RPM**	980 rpm
Steering Angle	0.1 deg	**Speed**	0 km/h
Yaw Rate	0.0 deg/s	**Wheel Speed FL**	0 km/h
Fuel km	3612000.00 m	**Wheel Speed FR**	0 km/h
Odometer	-214748364.8 km	**Wheel Speed RL**	0 km/h
ABS	512 #	**Wheel Speed RR**	0 km/h
ASC	512 #	**Amb T**	15.0 C
Brake	0 #	**Gear T**	12.0 C
Clutch Sw	off #	**Oil T**	20.0 C

그림 1-10 실시간으로 계측되는 데이터가 PC에 표시되는 모습(Aim RaceStudio3)

02 기본적인 차량 역학

레이싱 데이터 분석을 하기 위한 기본적인 역학 지식에 대해 간단히 정리해 보았다. 타이어 특성과 차량에 작용하는 종방향 힘과 횡방향 힘에 대해 정리하였다.

1. 타이어와 마찰력

서킷에서 차량의 한계 성능에 가장 큰 영향을 주는 파츠는 역시 타이어이다. 운전자에 의한 조향, 제동, 가속 조작은 최종적으로 타이어로 전해져 노면과의 마찰력을 통해 차를 움직이게 한다. 데이터 분석에 앞서 기본적인 타이어의 마찰 특성에 대해 간단히 알아보자.

기본적인 마찰력 법칙

물체가 움직이지 않는 정지 상태에서 물체에 가해지는 외력의 크기와 마찰력의 크기는 같다. 외력이 점점 증가함에 따라 마찰력도 같은 크기로 커지다가 물체가 움직이기 시작하는데, 이때의 마찰력을 「**최대 정지 마찰력**」이라 한다.

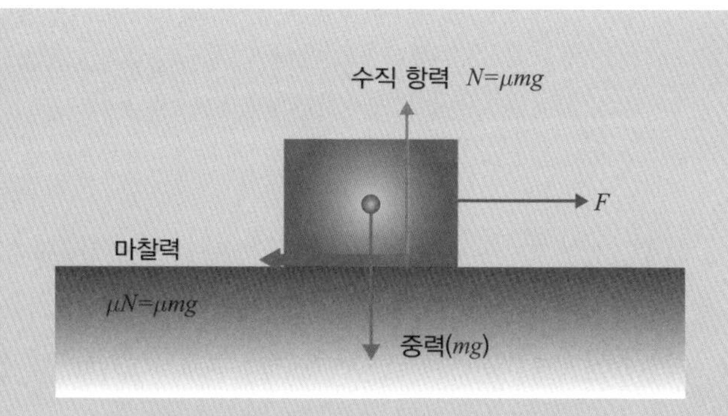

그림 2-1 물체에 작용하는 외력과 마찰력

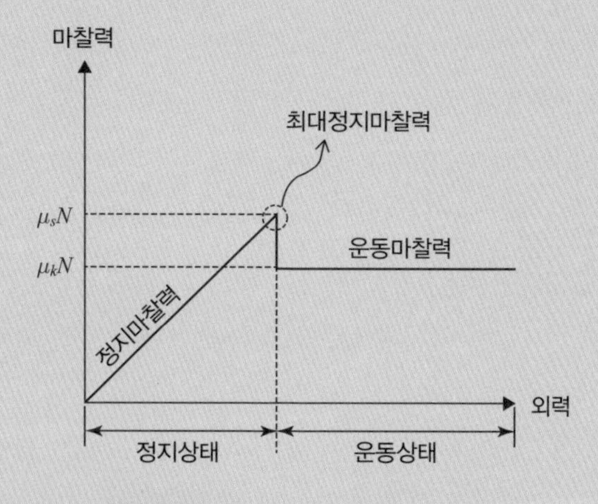

그림 2-2 외력에 따른 마찰력의 크기

이 최대 정지 마찰력의 크기는 **F(마찰력) = μ(마찰 계수) x N(수직 항력)**으로 나타낼 수 있다. 마찰 계수는 접촉하고 있는 두 표면의 거칠기에 따라 정해진다. 마찰 계수가 클수록 최대 정지 마찰력의 크기가 커진다.

수직 항력은 물체가 지면을 누르는 힘의 반작용 힘이다. 이름 그대로 수직 방향으로 작용하고, 외부 힘이 따로 작용하지 않는다면 일반적으로 물체의 하중과 수직 항력은 같다. 최대 정지 마찰력은 이 수직 항력이 클수록 커지게 된다.

물체가 운동 상태로 넘어가면 외력의 크기에 상관없이, 일정한 크기의 마찰력이 발생되는데, 이때의 마찰력을 **운동 마찰력**이라고 한다. 운동 마찰력은 최대 정지 마찰력보다 항상 작은 값을 가진다.

타이어의 마찰 특성도 위의 기본적인 마찰력 법칙을 따른다. 하지만 타이어만이 갖는 마찰 특성 또한 존재한다. 아래 타이어 마찰 특성을 알고 있으면 서킷 주행과 데이터 분석에 있어 큰 도움이 된다.

① 차량은 타이어와 노면 사이의 **정지 마찰력**으로 움직인다.
가속 상황을 예로 들면, 구동휠이 지면을 뒤로 밀어내는 만큼, 반작용 힘인 타이어와 노면사이의 마찰력이 차량을 앞으로 움직이게 한다. 제동, 조향 또한 마찬가지의 방법으로 타이어에 작용한다.

② 최대 정지 마찰력보다 큰 힘이 타이어와 노면 사이에 작용하게 되면, 타이어는 미끄러지게 되고, 운동 마찰력 발생 상태로 넘어가게 된다. 타이어 최대 마찰력보다 작은 운동 마찰력이 작용하면서 차량 성능을 충분히 발휘할 수 없게 된다.
서킷에서 과도한 운전자 조작으로 타이어 운동 마찰력 상태로 넘어가지 않고, 매순간 타이어의 **최대 마찰력을 유지**하며 주행하는 것이 곧 가장 빠른 주행 방법이다.

③ 고성능 스포츠 타이어를 사용할 경우, 일반 타이어에 비해 마른 노면에서 **마찰 계수**값이 커서 타이어 마찰력 한계치를 더 높일 수 있다. 반대로 아무리 좋은 타이어를 사용하더라도, 노면 상태가 좋지 않으면(비, 모래, 눈 등) 마찰 계수가 줄어들어 타이어 한계치가 낮아진다.

④ **타이어 온도**에 따라 타이어 최대 마찰력이 달라진다. 일반적으로 레

이싱 타이어의 경우 섭씨 70~100도 구간에서 최적의 성능을 발휘한다.

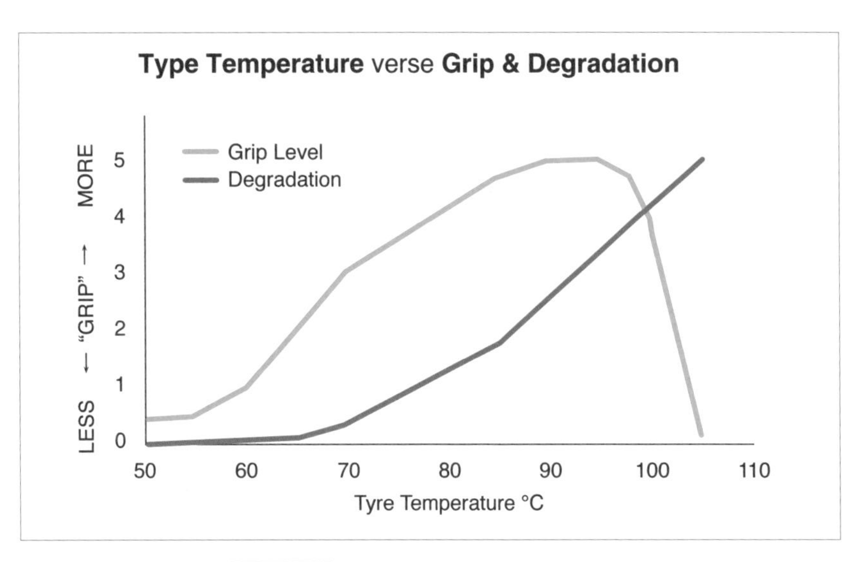

그림 2-3 타이어 온도에 따른 타이어 그립

그림 2-4 타이어 워머를 이용하여 타이어 예열하는 모습

⑤ 타이어와 지면의 **접촉면적**(컨택패치 면적)이 넓을수록 마찰력은 커진다.
고성능 타이어의 경우 일반 타이어보다 그루브가 적고 접촉면이 넓다. 마찬가지로 공기압을 낮춰 접촉 면적을 늘리면, 타이어 그립은 보다 높아진다.

그림 2-5 접지 면적을 극대화한 슬릭 타이어

⑥ 실제 타이어에서는 **수직하중**과 최대 마찰력의 크기는 선형적으로 증가하지 않는다. 수직 하중이 커질수록 타이어 최대 마찰력에 손해를 보게 되어, 하중 대비 최대 마찰력이 작아진다(Tire Sensitivity). 가벼운 차량일수록 그리고 하중 이동이 작게 발생하는 차량일수록 타이어 성능을 더 끌어낼 수 있다.

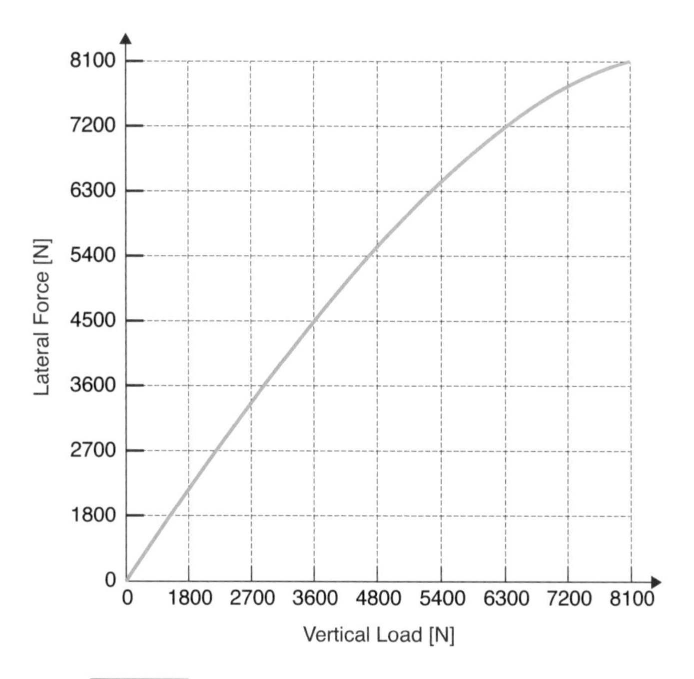

그림 2-6 타이어 수직 하중에 따른 횡력(마찰력) 그래프

⑦ 주행 상황에 따라 차량의 무게 중심에 걸리는 가속도에 의해 각 휠에 작용하는 수직 하중은 이동한다. 이 때의 **하중 이동**으로 인해 타이어 마찰 한계 또한 달라지게 된다.

제동 시 전륜으로 하중 이동(Dive), 가속 시 후륜으로 하중 이동(Squat), 코너링 시 선회 외측 휠로 하중 이동(Roll)이 발생한다.

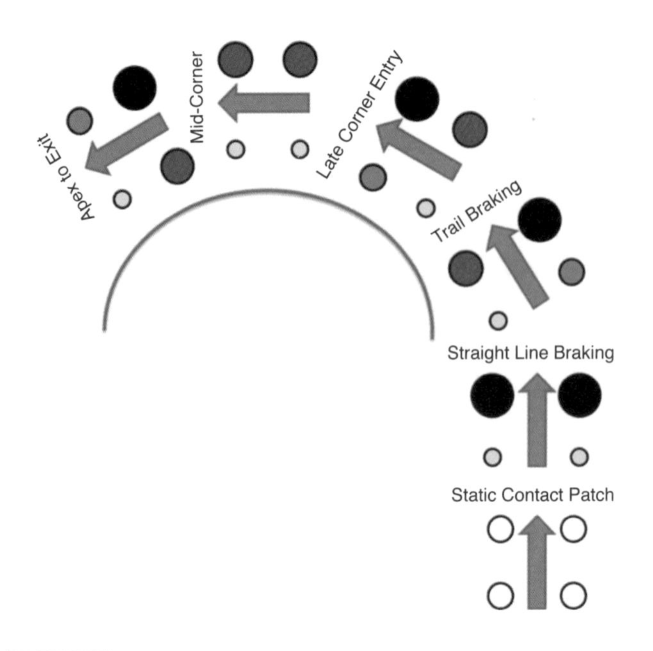

그림 2-7 주행 상황별로 각 휠의 하중 크기를 원의 크기로 나타낸 그림

⑧ 회전하는 타이어의 경우, 정지 마찰력 상태와 운동 마찰력 상태로 명확히 나눠지지 않는, 그 중간 상태로 미끄러지는 상태가 있다. 회전하는 타이어에 종방향 힘인 제동력이나 구동력이 가해질 때, 타이어가 미끄러지는 정도를 차량 속도대비 휠의 속도 비율인 **'휠슬립률'**로 나타낸다.

$$\lambda\,(\textit{Wheel Slip Ratio}) = \frac{V - V_w}{V} \times 100\%$$

제동 상황에서는 휠속이 차속보다 작아져서 ($V_w < V$), 휠슬립률은 양수값을 가진다.

가속 상황에서는 휠속이 차속보다 커져서 ($V_w > V$), 휠슬립률은 음수 값을 가진다.

휠에 어떠한 힘도 작용하지 않을 때(프리 롤링) 휠속과 차속이 같아져 ($V_w = V$), 휠슬립률은 0이 된다.

ABS가 없는 차량에서 노면 대비 과도한 제동력 작용으로 휠락(Wheel Lock)이 발생하는 상황에서는 휠속이 0이 되어, 휠슬립률은 100%가 된다.

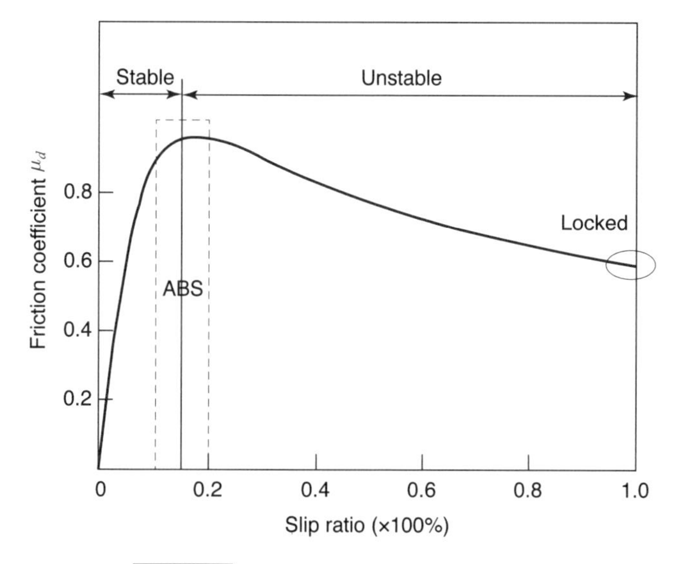

그림 2-8 휠슬립률에 따른 타이어 마찰력

위 그래프와 같이 타이어의 최대 마찰력을 가지는 휠슬립률 구간이 존재한다. 타이어에 따라 조금씩 다르지만, 일반적으로 **10~20% 사이 범위**이다. 최대한 이 휠슬립률 구간을 유지하며 주행하는 것이 이론적으로 타이어 한계를 끌어내는 방법이다.

일정 휠슬립률 이상부터는 횡방향 그립이 급격히 감소하여 휠 불안정 영역에 들어가게 된다. (**그림 2-8** 의 15% 이상 구간)

⑨ 차량 선회 시, 타이어가 향한 방향과 실제 타이어 진행 방향 사이의 각도를 **사이드 슬립 앵글**이라 한다.

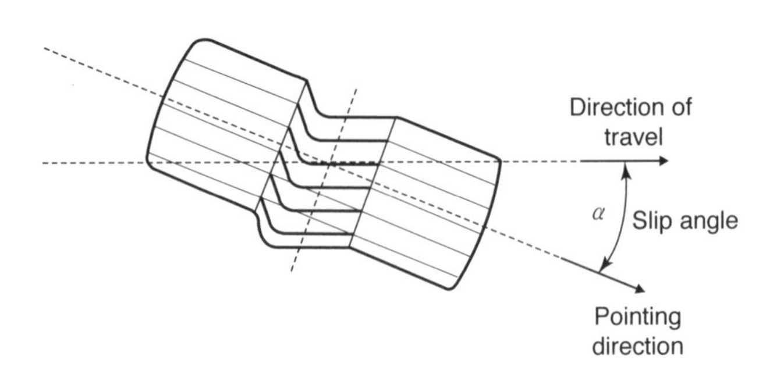

그림 2-9 사이드 슬립 앵글

타이어 최대 횡력(코너링 시 타이어 마찰력)을 발생시키는 사이드 슬립 앵글 구간이 그림 2-10과 같이 존재한다.

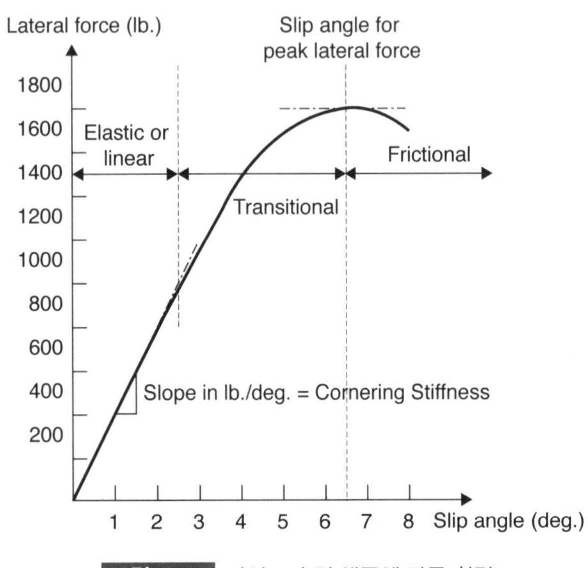

그림 2-10 사이드 슬립 앵글에 따른 횡력

일반적으로 사이드 슬립 앵글값이 6~7deg 사이에서 최대 횡력을 발생시킨다. 그 이상의 사이드 슬립 앵글 구간에서 횡력은 오히려 감소하고 타이어 마모만 증가하게 된다.

마찬가지로 차량 코너링 시 최대 횡력을 발생시키는 사이드 슬립 앵글 영역을 유지하며 주행하는 것이 타이어 코너링 한계를 끌어내는 방법이다.

⑩ 타이어는 평면(노면) 위에서 가속 또는 제동에 의한 종방향 힘과 조향에 의한 횡방향 힘을 받는다. 타이어에 종방향 힘과 횡방향 힘이 동시에 작용할 때, 종방향 힘과 횡방향 힘의 합력은 타이어 최대 마찰력 내에 있어야 한다. (넘어갈 경우 마찬가지로 운동 마찰력 상태로 넘어가고, 타이어는 급격히 그립을 잃게 된다.)

$$\sqrt{F_x^2 + F_y^2} = \mu N$$

- 종방향 힘(F_x) : 구동력, 제동력
- 횡방향 힘(F_y) : 횡력

위 식을 양변 제곱하면, 반지름이 최대 정지 마찰력인 원의 방정식이 된다. 이 원을 **마찰원** 또는 트랙션 서클(Traction Circle) 등으로 부른다.

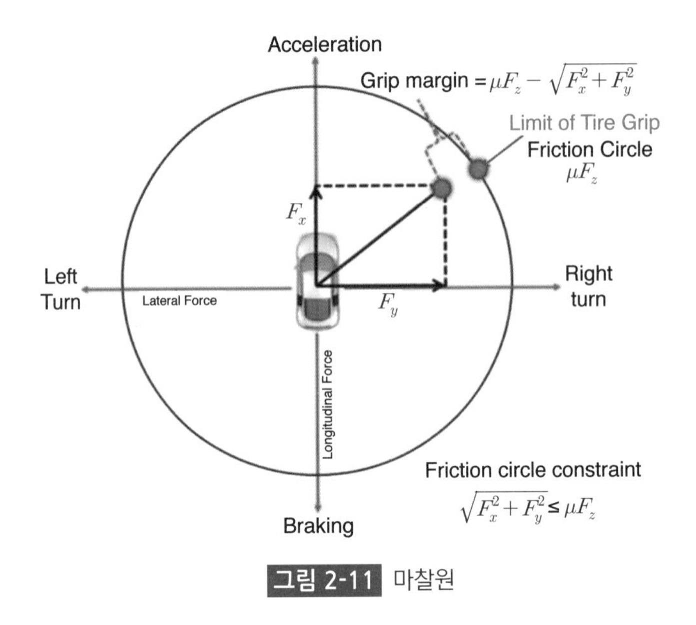

그림 2-11 마찰원

차량에 대입하기 쉽게 종방향 힘을 세로축, 횡방향 힘을 가로축으로 보통 나타낸다.

원의 경계는 타이어가 낼 수 있는 최대 마찰력이다.

하중 이동에 의해 타이어에 수직 하중이 많이 실릴수록, 좋은 타이어를 사용하여 마찰 계수값이 커질수록 원의 반지름은 커지게 된다.

2. 차량에 가해지는 종방향 힘

가속도 센서를 통해 종가속도값을 계측할 수 있고, 이를 통해 종방향 가속 및 제동 성능을 분석할 수 있다.

운전자에 의한 구동력, 제동력 뿐만 아니라 주행 저항에 대해 아는 것도 종방향 성능 분석 시 꼭 필요하다.

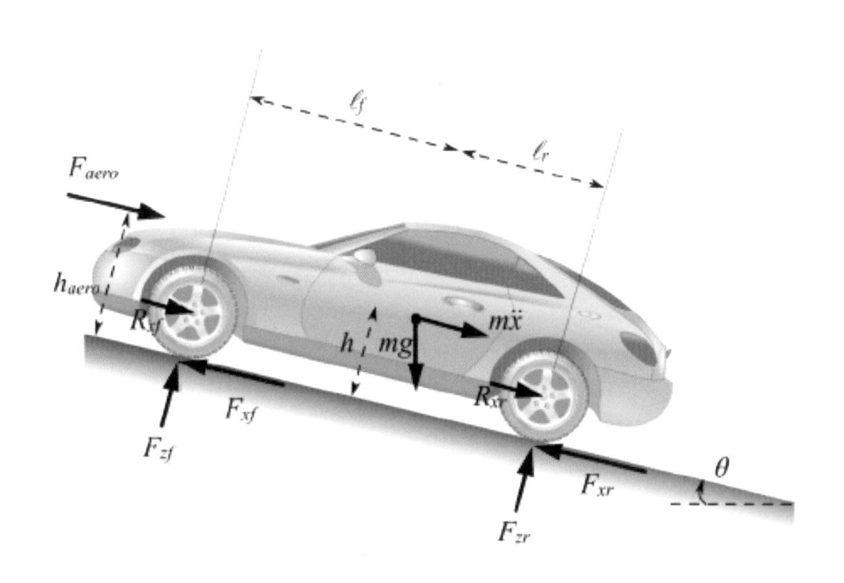

그림 2-12 차량에 가해지는 종방향 힘

종방향 힘의 총합 = 구동력(or 제동력) − 구름저항 − 구배저항 − 공기저항
= 차량질량 × 종가속도

① 구동력

운전자 스로틀 양에 의해 발생하는 엔진 토크값에서 변속기의 기어비, 디퍼런셜의 종감속비를 거쳐 구동휠까지 토크가 전달된다.

토크 전달 과정에서 파워트레인 파츠들의 회전 관성과 전달 효율에 의해 전달 토크가 감소되고, 최종적으로 휠 동반경값으로 나눠져 노면에 전달되는 구동력이 출력된다.

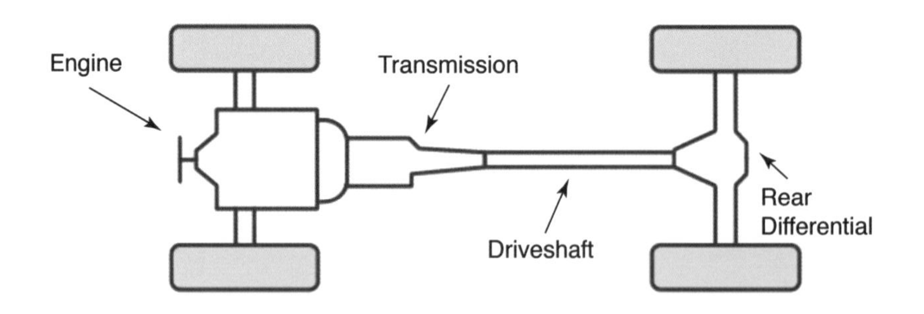

그림 2-13 파워 트레인 구성요소

② 제동력

운전자가 브레이크 페달을 밟는 힘은 브레이크 페달 기구학적 구조에 의한 지렛대 원리로 1차 배력되고, 브레이크 부스터에 의해서 2차 배력된다.

이렇게 배력된 힘에 의해 마스터 실린더 내의 피스톤이 밀려나면서 브레이크 유압이 발생된다.

발생된 유압이 브레이크 파이프를 통해 각 휠의 캘리퍼로 전달되고, 브레이크 패드와 디스크를 밀착시키며 마찰로 인한 제동 토크를 발생시킨다.

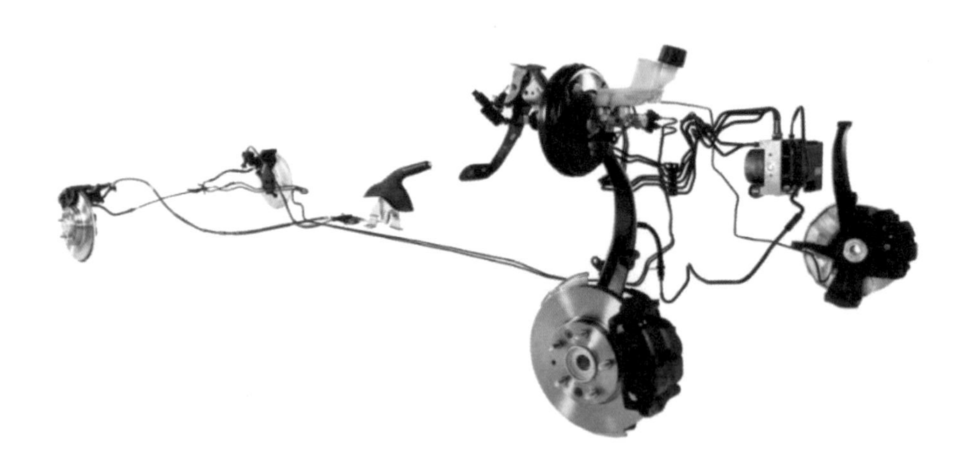

그림 2-14 브레이크 시스템

③ 구름저항

타이어가 굴러갈 때 발생하는 저항력이다. 타이어가 회전할 때, 타이어의 변형으로 인해, 컨택패치의 수직항력 압력 분포가 굴러가는 방향으로 쏠리게 되고, 휠 하중(F_z) 작용점과 수직항력(F_n) 작용점의 간극(e)이 발생한다. 이로 인해 **구름저항**이 발생한다.

구름저항의 크기는 F_r(구름저항) = f_r(구름저항계수) × W(차량 하중)으로 나타낼 수 있다. 구름저항계수는 일반적으로 마른 아스팔트 노면에서 0.01~0.02 수준이다.

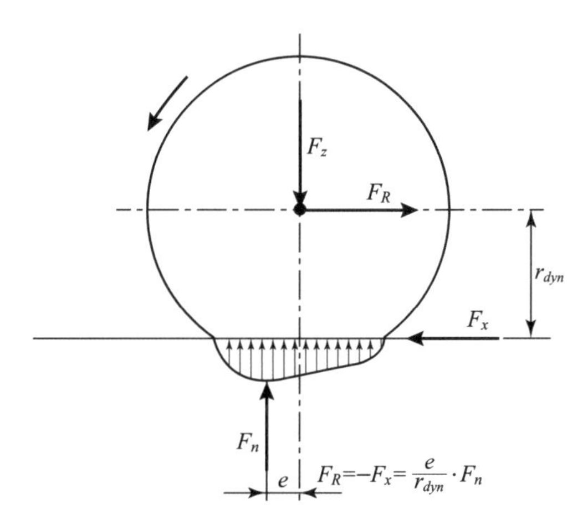

그림 2-15 구름저항의 크기 유도 과정

④ 구배저항

노면의 경사에 의한 저항이다. 차량에 작용하는 중력의 종방향 성분으로 크기는 W(차량 하중)×sinθ(경사각의 사인값)으로 나타낼 수 있다.

내리막의 경우 반대 부호로 차량을 가속시키는 힘으로 작용한다.

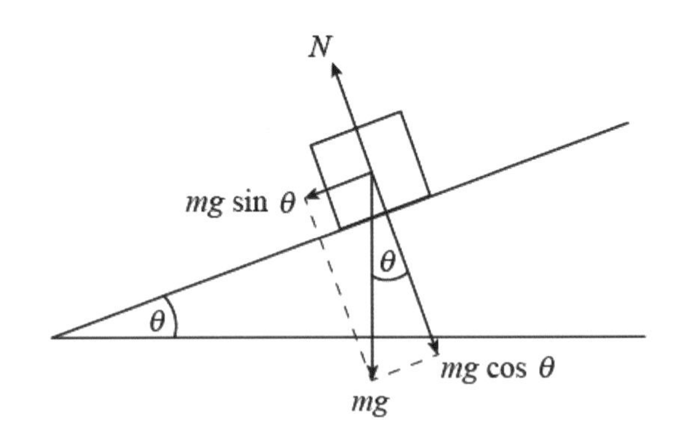

그림 2-16 경사로에서 중력의 종방향 성분

⑤ 공기저항

차량이 유체(공기)를 뚫고 지나가면서 공기 역학적 힘이 차량에 작용하게 되고, 종방향 성분을 **공기저항력**(Drag force), 수직방향 성분을 **다운포스**(Down force)로 나타낸다.

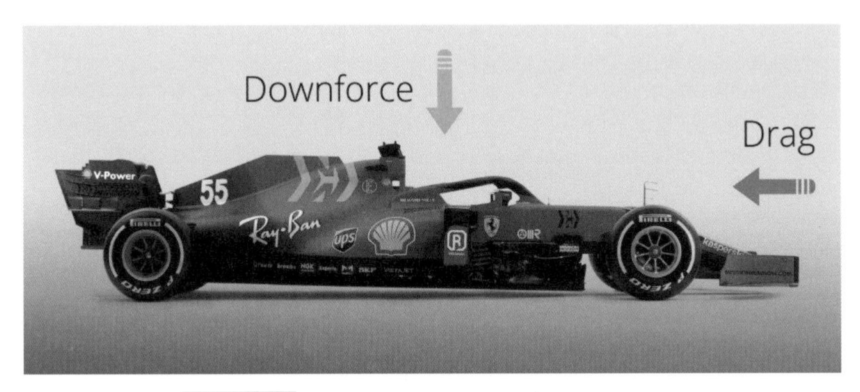

그림 2-17 차량에 작용하는 공기 저항력과 다운포스

$$D = \frac{1}{2} \cdot \rho \cdot V^2 \cdot C_D \cdot A$$

$$L = \frac{1}{2} \cdot \rho \cdot V^2 \cdot C_L \cdot A$$

D = Aerodynamic drag force
L = aerodynamic downforce (L = Lift)
V = Vehicle speed
ρ = Air density
C_D = Drag coefficient
C_L = Downforce coefficient (or lift coefficient)
A = Vehicle frontal area

공기 저항력은 차량 진행 방향의 반대 방향으로 작용하고, 레이스카의 직선 구간 최대 속도에 가장 큰 영향을 끼친다.

다운포스는 차량의 수직방향으로 작용하여 차량을 눌러주는 힘으로, 타이어와 지면 사이의 수직 항력을 증가시키고 타이어 마찰 한계를 증가시켜, 코너링 한계 속도를 증가시키는 효과가 있다.

두 힘 모두 차량 속도의 제곱에 비례하기 때문에 고속으로 갈수록 기하급수적으로 힘의 크기가 커진다.

3. 차량에 가해지는 횡방향 힘과 코너링

서킷 주행에서 코너링 시의 데이터 분석을 위해, 기본적인 횡방향 차량 역학에 대해 정리해 보았다.

데이터 로거를 통해 계측할 수 있는 데이터 중, 대표적인 코너링 성능 지표인 횡가속도와 오버스티어, 언더스티어 발생 정도를 파악할 수 있는 요레이트값에 대해 정리하였다.

들어가기 앞서 기본적인 원운동과 구심력에 대해 간단히 알아보자.

원운동과 구심력, 구심 가속도

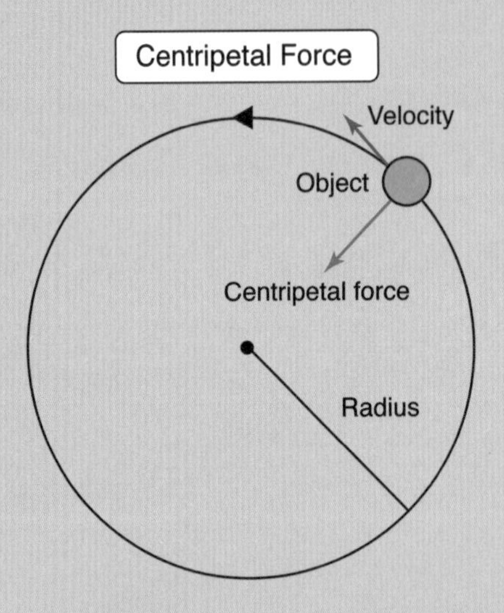

그림 2-18 원운동하는 물체에서의 구심력

물체가 원운동을 하기 위해서는 반드시 원의 중심 방향으로 물체를 당기는 힘인 구심력이 필요하다. 구심력은 물체 운동의 수직한 방향으로 원의 중심 방향으로 작용하고, 원운동을 하기 위해 필요한 구심력의 크기는 물체의 질량과 속도의 제곱에 비례하고, 원운동 하는 반지름에 반비례한다. (물체의 질량이 클수록, 속도가 빠를수록, 원운동 하는 반지름이 작을수록 원운동하는데 필요한 구심력은 커진다.)

$$F_c = m\frac{v^2}{r} = ma_c$$

$$a_c = \frac{v^2}{r}$$

F_c : 구심력, a_c : 구심가속도

(1) 횡력과 횡가속도

그림 2-19와 같이 차량이 선회할 때, 운전자 조향으로 인한 타이어 마찰력이 구심력이 되어 차량은 선회하게 된다. 이때 차량을 선회할 수 있게 만들어주는 타이어에 작용하는 횡방향 힘을 **횡력(Lateral Force)**이라 부른다.

그리고 차량 선회 운동에서의 구심 가속도를 **횡가속도(Lateral Acceleration)**라 부른다.(횡G, Ay 등으로 표시하기도 한다.)

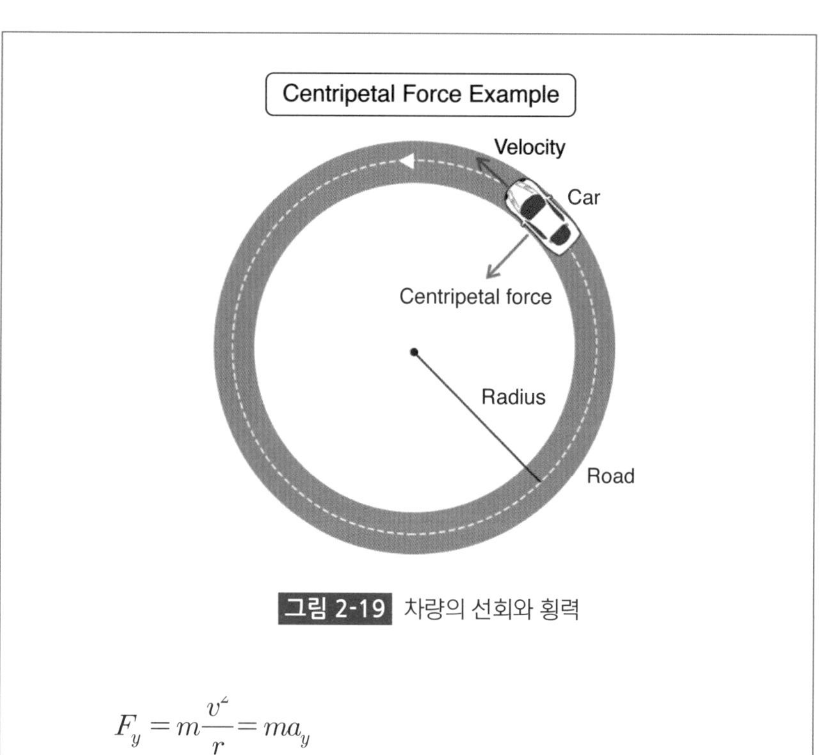

그림 2-19 차량의 선회와 횡력

$$F_y = m\frac{v^2}{r} = ma_y$$

$$a_y = \frac{v^2}{r}$$

F_y : 횡력, a_y : 횡가속도, m : 차량질량, v : 코너링 속도, r : 선회 반경

횡가속도값은 **대표적인 코너링 성능 지표**로, 높은 횡가속도값을 가진다는 것은 조향에 의해 그 만큼 타이어에 큰 횡력이 가해진다는 의미이고, 같은 선회 반경이라면 더 높은 코너링 속도를 낼 수 있다.

차량에서 가속도 센서를 통해 횡가속도값을 계측할 수 있고, 횡가속도 단위로 [g] 또는 [m/s²]을 사용한다.

횡력은 마찬가지로 타이어 마찰력이기 때문에, 타이어 마찰 한계를 넘어가게 되면 타이어는 횡방향으로 미끄러지게 된다.

$$F_y \leq \mu N$$

더 높은 코너 속도를 위해, 횡력을 높이는 방법으로 더 높은 μ(마찰계수)를 가지는 타이어를 사용하거나, 에어로파츠 튜닝을 통해 더 높은 다운포스를 발생시켜, N(수직 항력)을 키우는 방법이 있다.

정해진 타이어 최대 마찰력 내에서 코너링 속도를 높이려면, 주어진 트랙폭 내에서 r(선회 반경) 값을 최대로 주행하는 주행 라인이 필요하다. 이 원리를 이용한 것이 **Out-In-Out 주행 라인**이다.

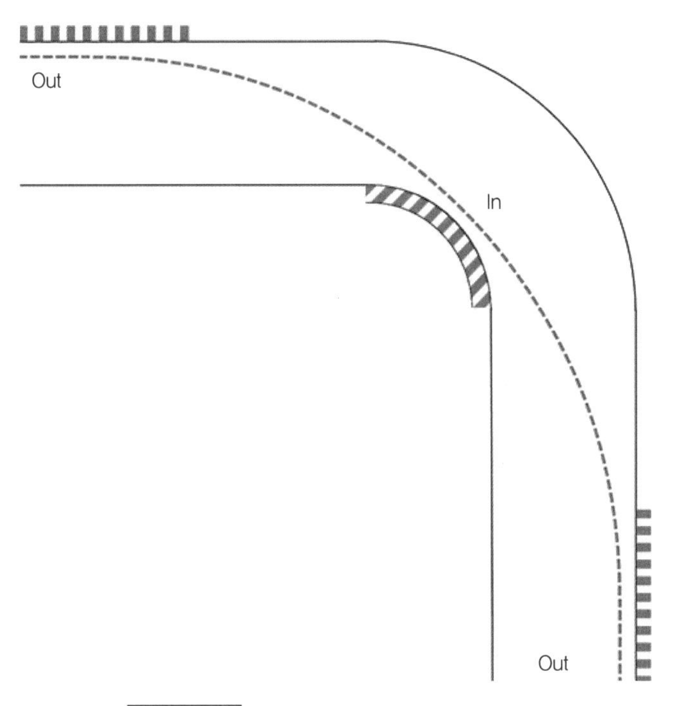

그림 2-20 Out-In-Out 주행 라인

코너 진입 시, 트랙 바깥쪽에서 턴인을 시작하여 코너 정점에서 최대한 안쪽으로 붙어 주행하고, 코너 탈출 시 다시 트랙 바깥쪽으로 선회 반경을 크게 사용하여 주행하는 라인이다.

마찬가지로 서킷 주행 시 코너 탈출에서 연석을 밟는 주행 라인 또한 선회 반경을 최대한 크게 가져가 코너 속도를 높이려는 노력 중 하나이다.

(2) 요레이트(Yaw rate)

차량의 운동을 기술할 때, 일반적으로 **그림 2-21**과 같은 3차원 좌표계를 이용하여, 세 방향의 직선 운동과 세 방향의 회전 운동에 대해 표현한다.

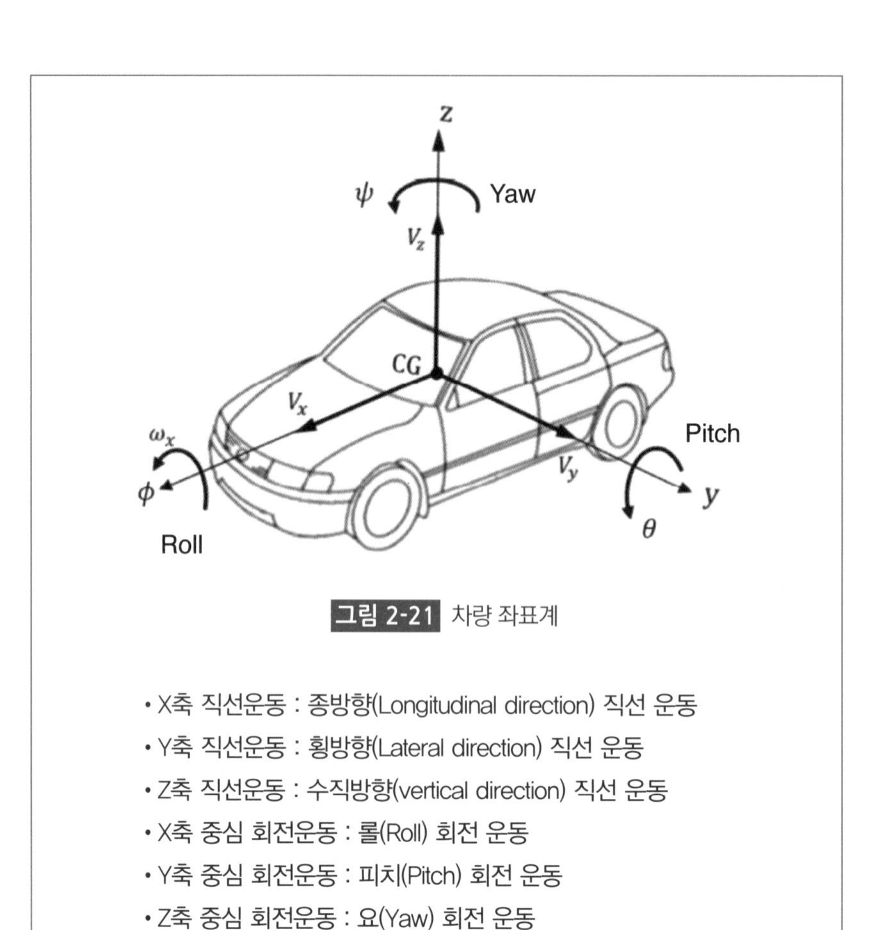

그림 2-21 차량 좌표계

- X축 직선운동 : 종방향(Longitudinal direction) 직선 운동
- Y축 직선운동 : 횡방향(Lateral direction) 직선 운동
- Z축 직선운동 : 수직방향(vertical direction) 직선 운동
- X축 중심 회전운동 : 롤(Roll) 회전 운동
- Y축 중심 회전운동 : 피치(Pitch) 회전 운동
- Z축 중심 회전운동 : 요(Yaw) 회전 운동

요(Yaw)란 **그림 2-21**과 같은 3차원 좌표계에서 Z축을 회전 중심으로 하는 회전운동으로, 이 요(Yaw) 회전 각속도를 **요레이트(Yaw rate)**라 부른다.

요레이트는 차량의 회두성과 밀접하게 관련된 데이터이다. **회두성**(回頭性)이란 한자 뜻 그대로, 차량의 머리가 얼마나 잘 돌아가는가에 대한 성질이다. 요레이트값이 클수록 차량의 회두(Yaw 회전)가 빠르게 일어난다는 의미이다.

단위는 deg/s, rad/s를 사용하고, 자이로 센서를 통해 차량 요레이트 데이터를 계측할 수 있다.

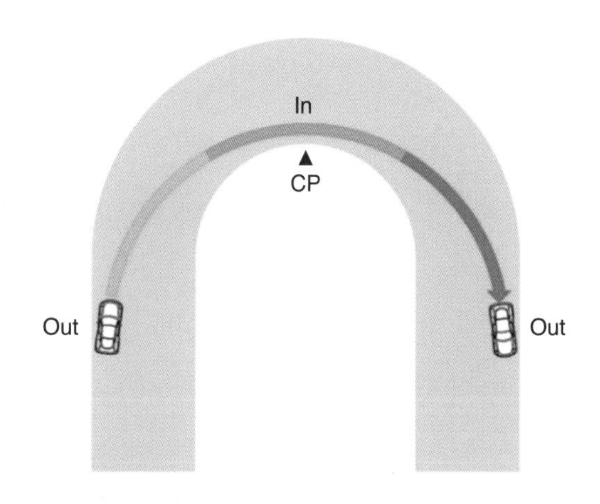

그림 2-22 180도 헤어핀 코너를 주행하는 차량

위 그림과 같은 헤어핀 구간을 주행할 때 코너 시작 지점부터 코너 끝 지점까지 10초가 걸렸다면, 평균 요레이트는 얼마가 될까?

10초 동안, 차량의 헤딩 각도가 180 deg 돌아갔으므로, 18 deg/s의 평균 요레이트값을 가지게 된다.

(3) 언더스티어와 오버스티어

언더스티어란 운전자 의도보다 차량이 선회하지 못하고, 코너 바깥쪽으로 밀려나는 현상이고, **오버스티어**란 운전자 의도보다 차량이 더 많이 선회하여, 코너 안쪽으로 말려들어가는 현상이다.

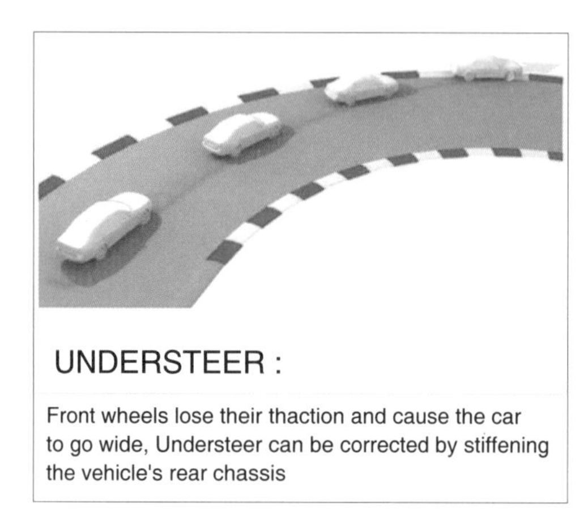

그림 2-23 언더스티어와 오버스티어

언더스티어와 오버스티어를 조금 더 공학적으로 표현하면 아래와 같이 나타낼 수 있다.

① 마찰 한계(grip) 측면

언더스티어란 선회 중 전륜 휠이 마찰 한계를 벗어나 그립을 잃은 상태이고,
오버스티어란 반대로 선회 중 후륜 휠이 마찰 한계를 벗어나 그립을 잃은 상태이다.

② 사이드 슬립 앵글(Side Slip Angle) 측면

언더스티어란 전륜 사이드 슬립 앵글이 후륜 사이드 슬립 앵글보다 큰 상태이고,
오버스티어란 후륜 사이드 슬립 앵글이 전륜 사이드 슬립 앵글보다 큰 상태이다.

③ 요레이트(Yaw rate) 측면

언더스티어란 운전자 스티어링 인풋 대비, 차량의 회두가 적절히 발생하지 않고 요레이트값이 작게 발생하는 상태이고,
오버스티어란 운전자 스티어링 인풋 대비, 요레이트값이 과도하게 발생하는 상태이다.

특히 세번째, 요레이트 측면에서 표현된 언더스티어와 오버스티어 현상에 대해 주목할 필요가 있다. 차량 CAN 데이터 또는 데이터 로거 내장 자이로 센서를 통해 요레이트값을 쉽게 계측할 수 있기 때문에, 요레이트 데이터를 이용한 언더스티어 오버스티어 파악이 용이하다.

운전자의 조향 의도에 맞게, 언더스티어와 오버스티어가 없는 뉴트럴 스티어 상태의 요레이트값을 계산할 수 있다면, 이를 기준으로 오버스티어, 언더스티어를 파악할 수 있다.

뉴트럴스티어 요레이트 계산값과 자이로 센서를 통해 계측된 차량 요레이트 센서값을 비교하여, 언더스티어 또는 오버스티어의 발생 정도를 알 수 있다.

운전자 조향각에 따른 뉴트럴스티어 상태의 요레이트는 선회 방정식을 통해 계산할 수 있다.

(4) 선회 방정식

아래의 선회 방정식은 정상 상태 선회에서 **운전자 조향각과 차속에 따라 차량에서 발생하는 요레이트 관계를 나타낸 방정식**이다.

$$\psi = \frac{1}{\left((v/v_{char})^2 + 1\right)} \cdot \frac{v \cdot \delta}{l}$$

ψ : 요레이트
v : 차속
v_{char} : 특성 속도
δ : 휠 조향 각도
l : 휠베이스

정상 상태 선회란 서스펜션 움직임이 없는 일정한 선회 상태를 말한다. 반대로 **과도 상태 선회**란 코너 진입이나 코너 탈출 상황과 같이 하중 이동이 발생하며 서스펜션 움직임이 발생하는 선회 상태이다.

과도 상태 선회에서는 하중 이동과 서스펜션 움직임으로 인해, 운전자 조향각과 차량에서 발생하는 요레이트 간에 딜레이가 발생한다.

선회 방정식에서 v_{char}(특성 속도)란, **차량의 언더스티어 경향성을 나타내는 특성값**이다. 차량 동역학에서 많이 다루는 부족 조향 구배(Understeer gradient)와 같은 의미로 볼 수 있다.

차량 특성 속도 값(언더스티어 경향성 지표)은 차량의 섀시 구조, 전·후륜 서스펜션 강성, 전·후륜 하중 배분, 전·후륜 타이어 성능, 전·후륜 공기역학 성능 등에 따라 결정되는 차량 선회 특성값이다.

모든 양산 차량에서는 언더스티어 경향을 가지도록 설계가 되는데, 보통 특성속도 20~40m/s 사이값을 가지도록 설계한다.(언더스티어 구배값의 경우 1~3deg/g 값을 가지도록 설계한다.)

아래의 방법으로 언더스티어 경향성이 작아지도록 튜닝할 수 있다.(보다 큰 특성속도값을 가지게 된다.)

① 전륜 타이어 그립을 올리거나 후륜 타이어 그립을 낮춘다.
② 서스펜션 후륜 강성을 올리거나 전륜 강성을 낮춘다.
③ 프런트 윙 각도를 높이거나 리어 윙 각도를 낮춘다.
핸들링 밸런스에 대한 보다 자세한 내용은 4장에서 다루었다.

선회 방정식을 통해 아래와 같은 사실을 알 수 있다.

첫째로, 특성 속도값이 커질수록 같은 조향각에서 차량에서 발생하는 요레이트값은 커지는 것을 볼 수 있다. 요레이트값이 커진다는 것은 차량의 회두성이 좋아진다는 의미이다.(언더스티어 경향성이 작아짐을 의미)

둘째로, 휠베이스가 짧을수록 요레이트값이 크게 발생한다. 휠베이스가 짧을수록 차량의 회두성이 좋아진다는 의미와 같다.

운전자 조향각과 차속을 선회 방정식에 대입하여 계산된 요레이트값과, 자이로 센서를 통해 계측된 실제 차량 요레이트값의 비교를 통해 아래와 같이 오버스티어, 언더스티어를 판단할 수 있다.

$$YR_{steering} \rangle YR_{sensor}$$: **언더스티어**

$$YR_{steering} \langle YR_{sensor}$$: **오버스티어**

$YR_{steering}$: 선회 방정식을 통해 계산된, 뉴트럴스티어 요레이트 기준값

YR_{sensor} : 센서를 통해 계측된 실제 차량 발생 요레이트

제Ⅱ편 분석과 튜닝

03 레이싱 데이터 분석

1. 운전자 데이터 분석

가장 기본이 되는 운전자 인풋 데이터인 브레이크 압력, 스로틀 페달, 스티어링 앵글 분석법에 대해 정리해 보았다.

(1) 운전자 제동 데이터 분석

서킷 주행에서 랩타임 단축을 위한 제동 방법은 최대한 늦게 브레이크를 밟고, 최대한 강하게 밟아 감속을 확실히 한 뒤, 트레일 브레이킹하여 하중을 전륜에 유지하며 서서히 브레이크를 놓는 것이다.

서킷 주행에서 운전자 브레이킹 데이터 분석 시, 확인해야 할 항목은 아래와 같다.

① 제동 시작 시점과 제동 구간 거리의 일관성
② 얼마나 강하게 제동하는지
③ 코스팅 주행 구간이 얼마나 짧은지
④ 수동 변속기 차량에서 다운시프트 시, 종감속도 변화량
⑤ ABS가 없는 차량에서 휠슬립 과대(휠락) 대응

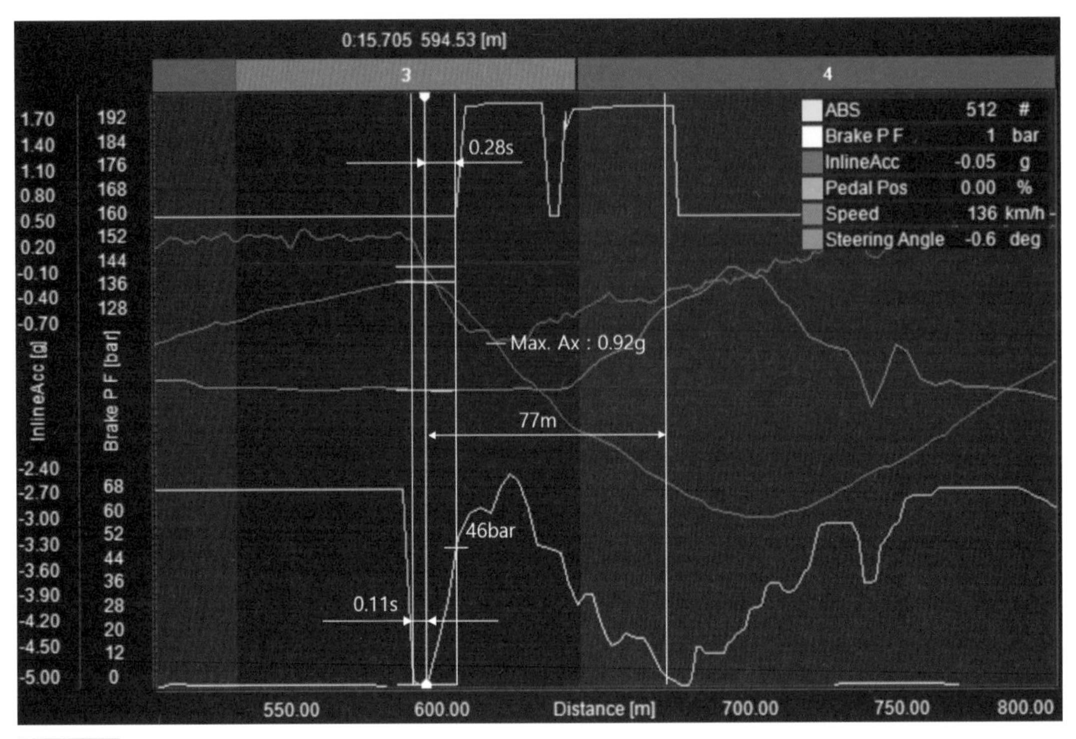

그림 3-1 운전자 제동 데이터 예시

실제 데이터를 이용하여 운전자 제동 데이터를 분석해 보자. 레퍼런스를 삼을만한 데이터가 있다면, 데이터 오버레이를 통해 아래 항목들을 비교해 보는 것도 좋은 방법이다.

① 제동 시작 시점 및 총 제동 거리

브레이크 압력(흰색) 데이터를 보면, 제동 시작 시점은 594m 지점이고, 제동 종료 시점(브레이크 압력 5 bar 이하)은 671m 지점으로 총 제동 구간의 거리는 77m이다.

제동 시작 시점이 늦을수록 랩타임 단축에 유리하고, 제동 시작 시점과 **제동 구간 거리**가 여러 바퀴 주행하는 동안 일관성을 가지는지 확인해 볼 필요가 있다.

② 얼마나 강하게 제동하는지

일반적으로 **최대 제동압력의 크기**와 제동 시작 시점부터 **최대 제동 압력 도달 시간, 최대 종감속도까지 도달 시간** 등을 확인하여, 제동을 충분히 강하고 빠르게 하는지 확인할 수 있다.

하지만 ABS가 작동한 경우, ABS에 의한 제동 압력 변조가 있기 때문에, 제동 시작점부터 **ABS 동작 시점까지의 빠르기**를 확인해보는 것을 추천한다.

위 데이터에서 제동 시작 시점부터 ABS 동작 시점까지 0.28초 걸렸고, 이때 브레이크 압력 기울기는 164 bar/s이다.

③ 코스팅 주행 구간이 얼마나 짧은지

스로틀 페달 종료 시점부터 브레이크 압력 생성 시점까지 걸린 시간을 확인한다. 이 코스팅 주행 구간은 운전자 페달 조작이 없는 구간이기 때문에 랩타임 손실 구간으로 볼수 있다. 위 데이터에서 코스팅 구간은 0.11초이고, 이때 코스팅 주행 거리는 4.1m이다.

④ 수동 변속기 차량에서 다운시프트 시, 종감속도 변화량

수동 변속기 차량에서 제동 중 다운시프트 시, 종감속도 변화량이 크지 않아야 한다. 변속에 의한 종방향 울컥거림이 크다면 이로 인한 피치 모션과 함께 전후륜 하중 변동이 발생하고, 이로 인해 제동 손실이 발생할 수 있다.

⑤ ABS가 없는 차량에서 휠슬립 과대(휠락) 대응

ABS가 없는 차량이라면 휠슬립 과대(휠락) 가능성을 항상 염두해 두어야 한다. 휠락에 가까운 휠슬립은 제동 마찰력을 감소시켜 제동 밀림감과 함께 큰 타이어 데미지를 준다.

(2) 운전자 가속 데이터 분석

서킷 주행에서 좋은 가속이란, 코너 탈출 시 APEX를 지나 스티어링을 서서히 풀어감과 동시에 가속 페달을 부드럽게 증가시키며 풀 스로틀까지 빠르게 이어가는 것이다.

후륜 구동 차량의 경우, 오버스티어가 과하게 발생하지 않도록 너무 성급한 스로틀 전개를 피하면서도 부드럽고 빠르게 풀스로틀을 가져가는 것이 필요하다.

반대로 전륜 구동 차량에서는 코너 탈출 시 언더스티어 발생량을 적절히 조절하며 풀스로틀까지 빠르게 전개하는 것이 필요하다.

데이터를 통해 운전자 가속을 분석할 수 있는 방법으로는 아래 세 가지를 소개해 본다.

① 스로틀 페달 히스토그램

1 Lap 전체에 대한 운전자 스로틀 페달 분포를 막대 히스토그램을 나타내어 비교해 보는 방법이다.

풀스로틀에 가까운 페달 분포가 높을수록 확실한 가속 조작이 많다는 것을 의미하고 이는 곧 빠른 랩타임으로 이어지게 된다.

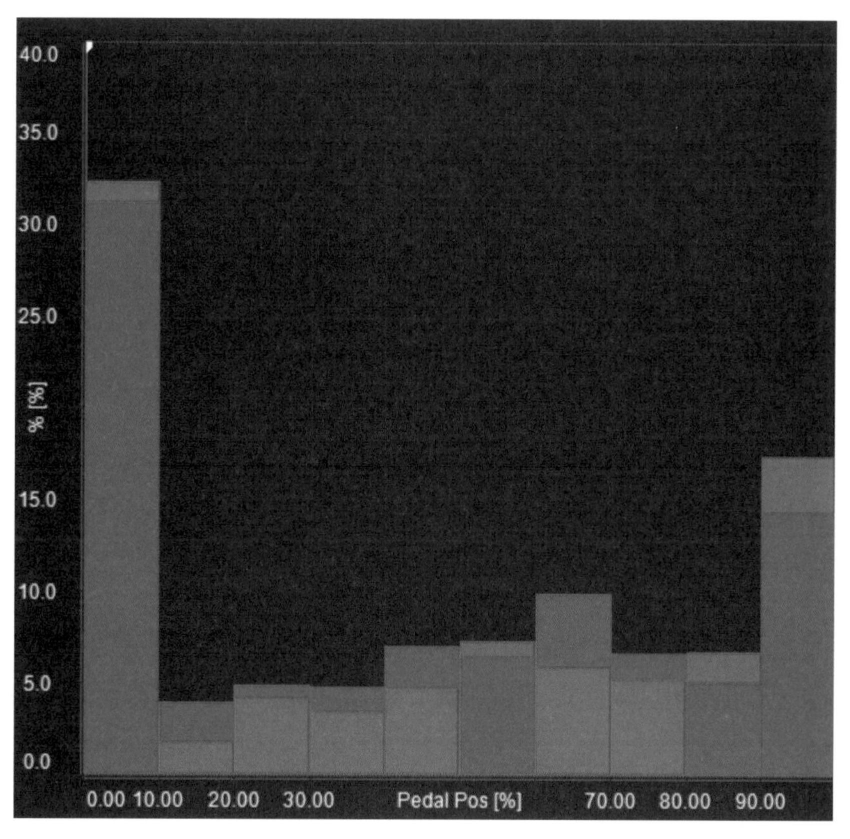

그림 3-2 스로틀 페달 히스토그램 비교

그림 3-2에서 80% 이상 스로틀 분포가 높은 빨간색 데이터의 랩타임이 파란색 보다 더 빠르다. 빨간색 데이터의 랩타임은 2:04.1, 파란색 데이터의 랩타임은 2:06.1을 기록했다.

② 풀스로틀 밟은 시간

1 Lap 주행하는 동안 **풀스로틀 밟은 시간을 계산하여 데이터를 비교해보는** 방법이다. 마찬가지로 풀스로틀 밟은 시간이 길다는 것은 확실한 가속을 보다 오래 지속했음을 의미하고 이는 좋은 랩타임으로 이어진다.

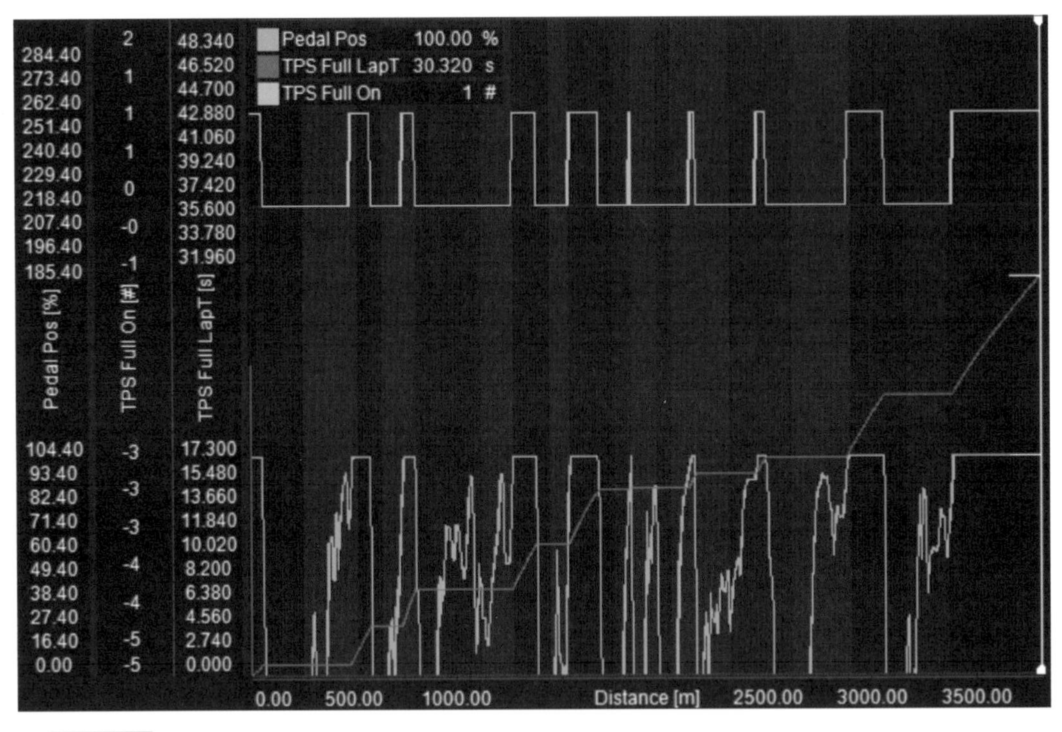

그림 3-3 풀스로틀 지속 시간

보통 분석 툴에서 지원하는 Math Channel을 통해 직접 계산해 볼 수 있다.

그림 3-3과 같이 먼저 스로틀 페달 95% 이상인 구간 영역을 표시하고(형광색, TPS Full On), 표시된 구간의 시간을 누적하여 더해 1 Lap 주행하는 동안 풀 스로틀 밟은 시간(군청색, TPS Full LapT)을 계산할 수 있다.

위 데이터에서는 2:04.1의 전체 랩타임 중 30.32초 동안 풀스로틀을 밟은 것을 확인할 수 있다.

③ 스로틀 전개의 부드러움

코너 탈출 시, 스티어링을 풀면서 스로틀 페달양을 점점 늘려나갈 때, 부드러운 스로틀 전개가 중요하다.

코너 탈출 가속은 코너 바깥쪽 휠로 완전히 이동된 하중을 부드럽게 후륜으로 옮기는 과정이고, 횡력으로 백퍼센트 사용되던 타이어 그립을 구동력으로 전환하는 과정이다.

구동륜의 횡그립이 감소된 만큼만 구동력을 점진적으로 가해야, 과도한 오버스티어, 언더스티어 없이 매끄러운 코너탈출이 가능하다.

급격한 스로틀 페달 전개는 또한 갑작스런 피치 모션과 함께 불필요한 하중 변동을 만들어 타이어 마찰 손실을 만들 수 있다.

스로틀 전개의 부드러운 정도를 파악하는 방법으로, 스로틀 페달양의 미분값을 통해 확인하는 방법이 있다. 마찬가지로 분석 툴에서 지원하는 Math Channel을 통해 계산할 수 있다.

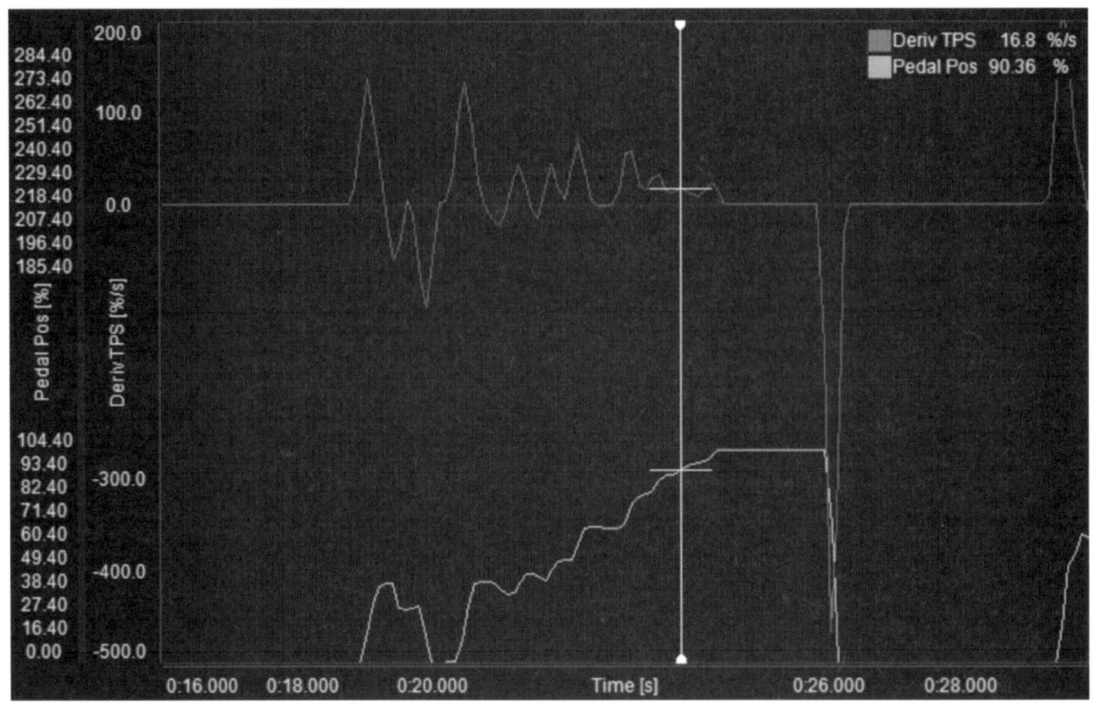

그림 3-4 스로틀 페달 미분값

그림 3-4에서 스로틀 페달 미분값(초록색, Deriv TPS)의 위아래 변동 폭이 작을수록 더 부드러운 스로틀 전개로 볼 수 있다.

(3) 운전자 조향 데이터 분석

서킷 주행에서 운전자 조향 또한 부드러움이 중요하다. 부드러운 조향을 통해 불필요한 섀시 움직임을 만들지 않아야 한다.

서킷에서 그립 주행을 하는 차량의 경우, 부드러운 주행이 곧 빠름을 나타낸다. 운전자 스티어링 앵글 속도 데이터(조향각 미분값)를 통해 운전자 조향 인풋의 부드러운 정도를 확인할 수 있다.

추가로, 1 LAP 동안 운전자 조향각 속도의 평균값을 통해 전반적인 운전자 조향의 부드러운 정도를 수치로 확인할 수 있다.

오버스티어가 빈번하고 과다한 차량에서, 빠른 카운터 스티어와 함께 드리프트 주행이 많을 경우, 해당 데이터 분석이 도움되지 않을 수 있다.

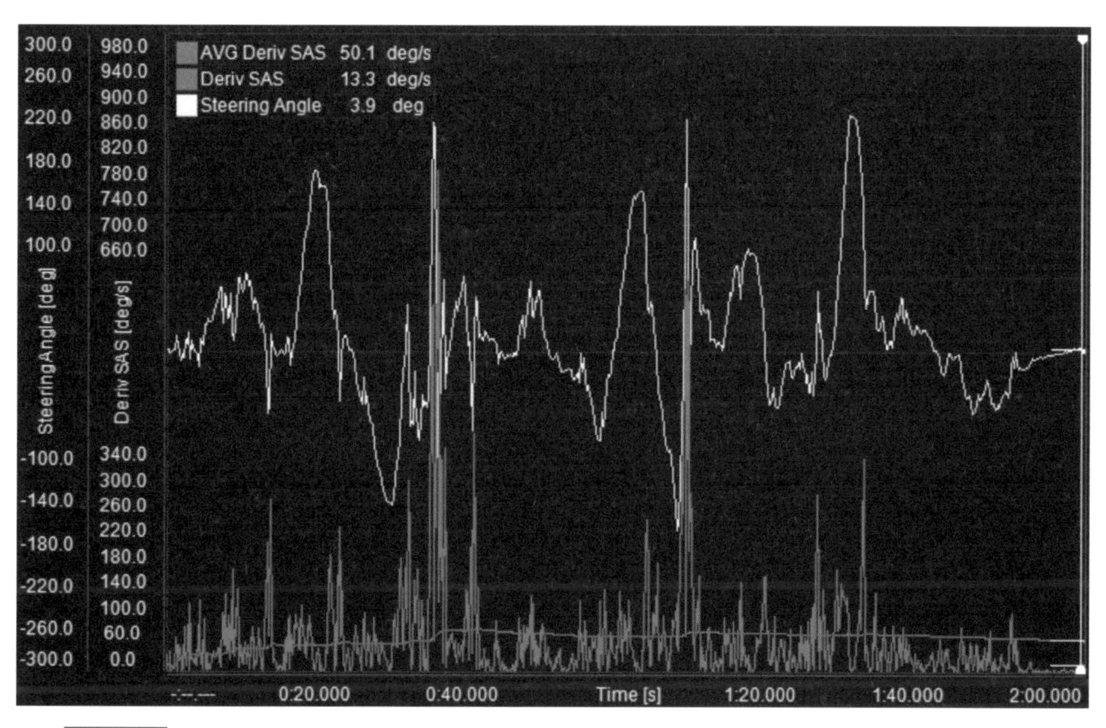

그림 3-5 조향각 속도 및 조향각 속도 평균값 계산

그림 3-5에서 1 LAP 동안 평균 조향각 속도는 50.1 deg/s로 나타난 것을 확인할 수 있다. 300 deg/s 이상의 빠른 조향각 속도는 대부분 운전자 카운터 스티어 시 발생하였다.

2. Delta-T(실시간 시간차) 데이터 분석

두 데이터 비교 시, 가장 먼저 확인하는 Delta-T 그래프에 대한 소개와 활용 방법에 대해 정리해 보았다.

(1) Delta-T 그래프

Delta-T란 같은 서킷을 주행한 두 개의 데이터를 비교하여, 서킷 내 같은 지점을 지날 때의 걸린 시간의 차이값이다. 실시간 시간차, Delta Time, TDiff, Time Slip 등으로 불린다.

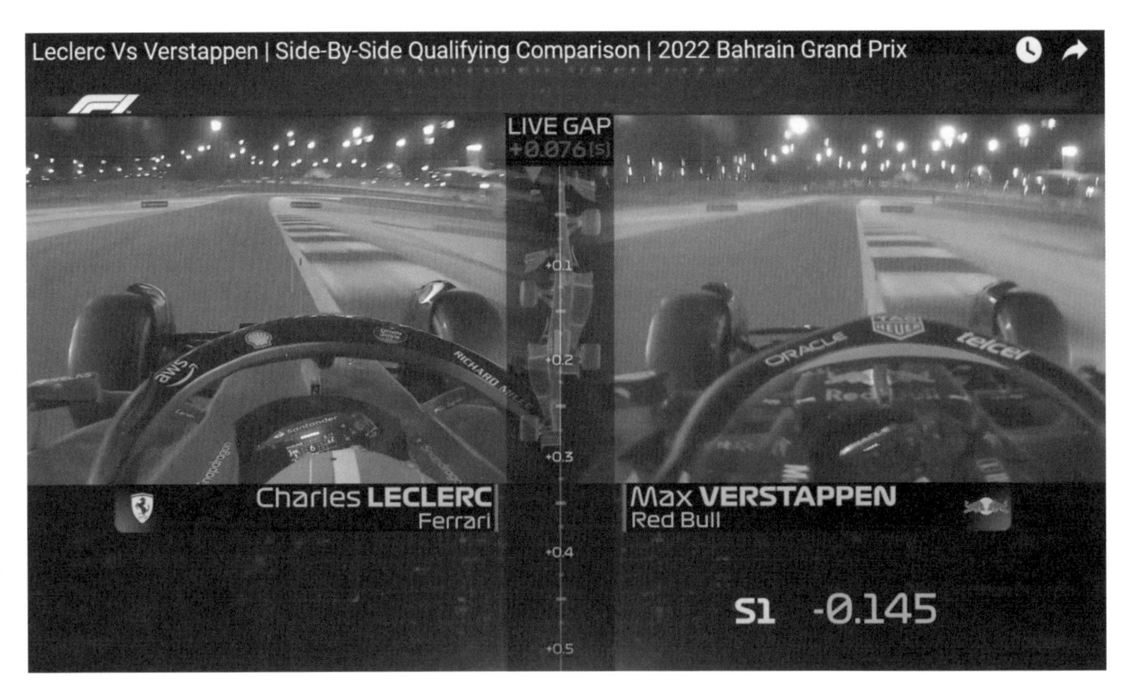

그림 3-6 F1 퀄리파잉 주행에서 Live Gap(실시간 시간 차이)

GPS 기반의 데이터로거(또는 랩타이머)는 실제로 1랩 주행하는데 걸린 랩타임 값만 측정하는 것은 아니다. 샘플링 타임 간격으로 출발지점에서 떨어진 거리와 해당 지점까지 걸린 시간을 계속해서 계측한다. (25Hz GPS 계측 장비이면, 0.04초 간격으로 출발지점에서 떨어진 거리와 걸린 시간을 측정한다.)

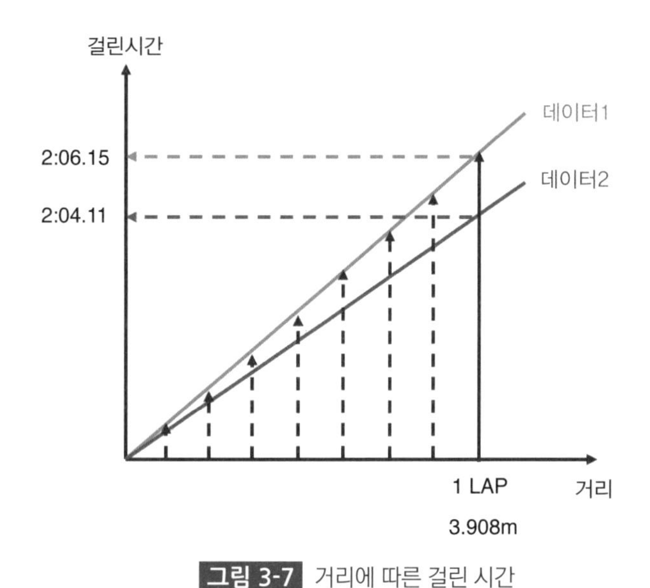

그림 3-7 거리에 따른 걸린 시간

그림 3-7 을 보면 첫번째 데이터는 2:06.15의 랩타임을 기록했고, 두번째 데이터는 2:04.11의 랩타임을 기록 했다.

위에서 언급했듯이, 1랩이 종료되는 3908m 지점까지의 걸린 시간(랩타임) 뿐만 아니라, 서킷 내의 모든 위치에서 걸린 시간 값도 알수 있다.(**그림 3-7** 에서의 점선 화살표)

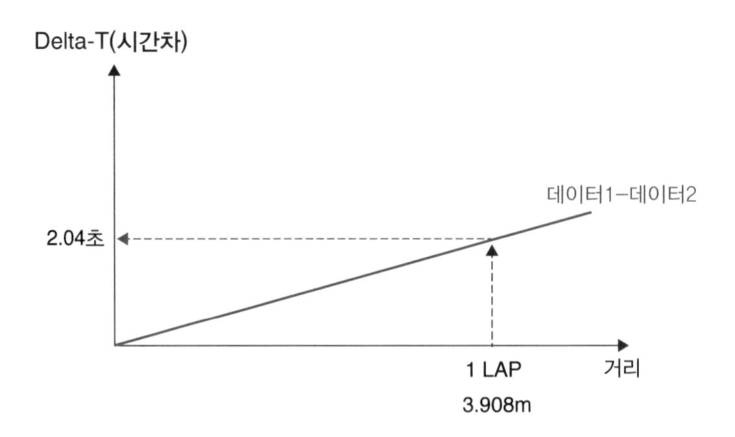

그림 3-8 두 데이터의 각각의 거리에서 걸린 시간 차이

두 걸린 시간 데이터의 차이 값(데이터1 - 데이터2)이 바로 그림 3-8의 Delta-T 그래프가 된다.

1LAP 주행에 걸린 차이 2.04초 뿐만 아니라 서킷 내 모든 위치에서 두 데이터 간의 걸린 시간 차이 값을 이 Delta-T 그래프를 통해 알수 있다.

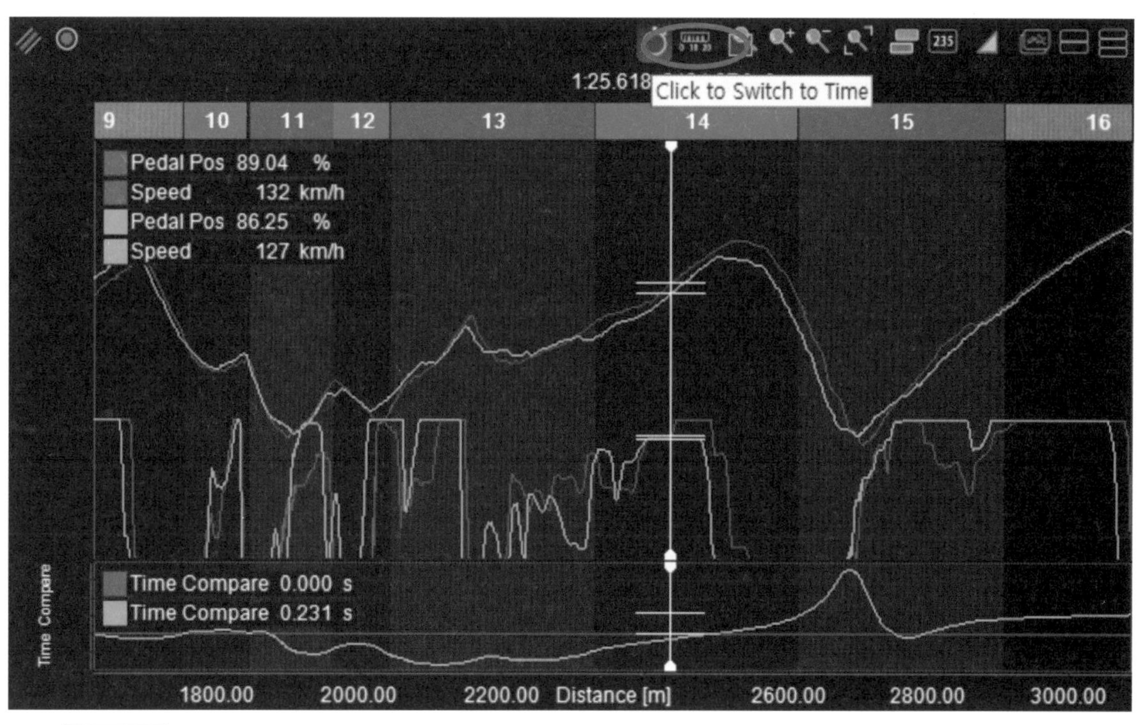

그림 3-9 데이터 오버레이와 Delta-T 그래프 예시

데이터 오버레이를 통해 비교 시, X축은 시간이 아닌 꼭 거리로 설정하여야 한다.

서킷 내 같은 지점에서의 비교가 두 데이터간의 운전자 조작 방법 차이 또는 차량 거동 차이를 확실히 볼 수 있기 때문이다.

아래 실제 서킷 주행 데이터를 이용하여 실시간 시간차 그래프 활용 방법을 확인해 보자.

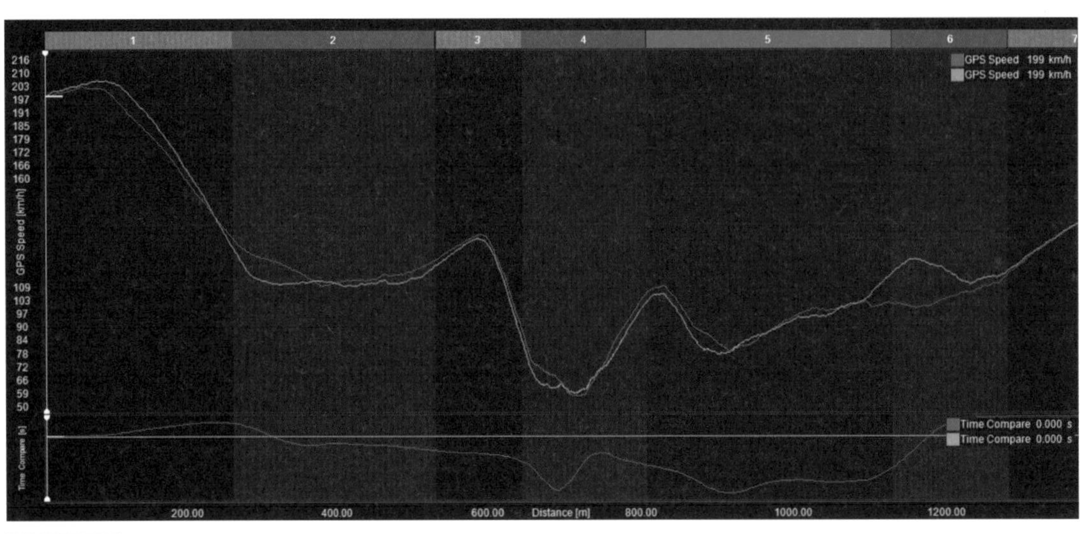

그림 3-10 속도 데이터 오버레이와 Delta-T 그래프

그래프 젤 위쪽의 섹션 구분 번호는 인제 서킷 코너 번호이고, 위는 속도 그래프 아래는 Delta-T 그래프이다. 초록색 데이터가 레퍼런스 데이터, 빨간색 데이터가 분석 대상이 되는 데이터이다.

> Delta-T = 분석 대상 데이터 걸린 시간(빨간색) - 레퍼런스 데이터 걸린 시간(초록색)

***Delta-T 그래프 분석**

- Delta-T 음수값(-) : 레퍼런스 대비 빠름
- Delta-T 양수값(+) : 레퍼런스 대비 느림
- Delta-T 기울기 음수값(-) : 레퍼런스 대비 빨라지고 있음
- Delta-T 기울기 양수값(+) : 레퍼런스 대비 느려지고 있음

① 1번 코너에서 브레이킹을 할 때, 빨간색 데이터의 제동 시작 시점이 빠르고, 감속 기울기(제동 세기) 또한 레퍼런스 대비 완만하여 랩타임 손실을 보고 있다.

Delta-T값이 양수로 점점 증가되는 것을 확인할 수 있다. Delta-T 값은 +0.126초까지 상승하였다.

② 1번 코너 제동 끝 부분에 빨간색 데이터의 경우, 제동을 보다 부드럽게 풀어주며 더 높은 2번 코너 진입 속도를 가져가며, 레퍼런스 대비 랩타임 이득을 취했다.

이 결과로 Delta-T값은 -0.089s로 빨간색 데이터가 앞서게 되었다. (-0.215초 이득)

이후 2번, 3번 코너 전반에 걸쳐 더 높은 속도를 가져가면서, Delta-T의 기울기가 완만하게 음수값을 유지하고 있다.

③ 4번 코너 진입 전, 제동에서도 제동 후반부에 빨간색 데이터의 제동이 보다 완만하게 가져가며 보다 높은 진입 속도를 보여준다. 코너 최저 속도의 경우, 빨간색 데이터가 조금 더 낮았지만, 코너 탈출 시 다시 이득을 보고 있다.

Delta-T 기울기값이 코너 최저 속도 지점까지 양수값이다가, 4번

코너 탈출 가속부터 기울기가 다시 마이너스 값을 가지며 랩타임 이득을 보고 있다.

④ 6번 코너에서 속도 차이가 최대 23 km/h가 발생할 정도로 빨간색 데이터 차량의 큰 실수가 발생한다. 이로 인해 Delta-T 값이 -0.435초에서 +0.175초까지 급격히 상승한다. 이 실수로 인해서 랩타임 +0.61초 손실을 보게 되었다.
(이 부분에서 빨간색 차량의 오버스티어가 크게 발생하면서 랩 타임 손실로 이어졌다.)

(2) Delta-T 그래프 활용 - 운전자 데이터 비교

동일 차량 세팅과 동일 차량 컨디션에서 운전자 주행 방법만 다른 데이터를 비교할 때, Delta-T 그래프를 활용할 수 있다.

데이터 비교를 통해, 어떤 주행 방법이 정확히 몇 초가량 빠른 건지 정확히 수치적으로 확인할 수 있다. 본인의 주행 방법 변화와 개선 전후를 확인하는데도 유용하지만, 전문 드라이버의 주행 방법을 카피하는데 특히 유용하게 쓸 수 있다.

본인 차에서 전문 드라이버의 베스트 랩을 데이터 계측하여 레퍼런스 데이터로 삼고, 본인의 베스트 랩 데이터와 비교한다. Delta-T가 가장 많이 벌어지는 코너부터 우선적으로 운전자 데이터를 분석하여 전문 드라이버의 주행 방법을 카피하는 것을 추천한다.

Delta-T 기울기가 양수값으로 가장 급격하게 증가하는 부분을 찾아, 제동 시점, 제동 세기, 코너 진입 속도, 스로틀 전개 시점, 주행 라인 등의 운전자 데이터를 세밀하게 비교한다.

Delta-T가 가장 크게 벌어지는 근본적인 이유를 찾아 개선한다면, 운전 실력 향상에 큰 도움이 될 것이다.

아래 F1 주행 데이터를 이용해서 두 드라이버의 운전자 데이터를 비교해 보자.

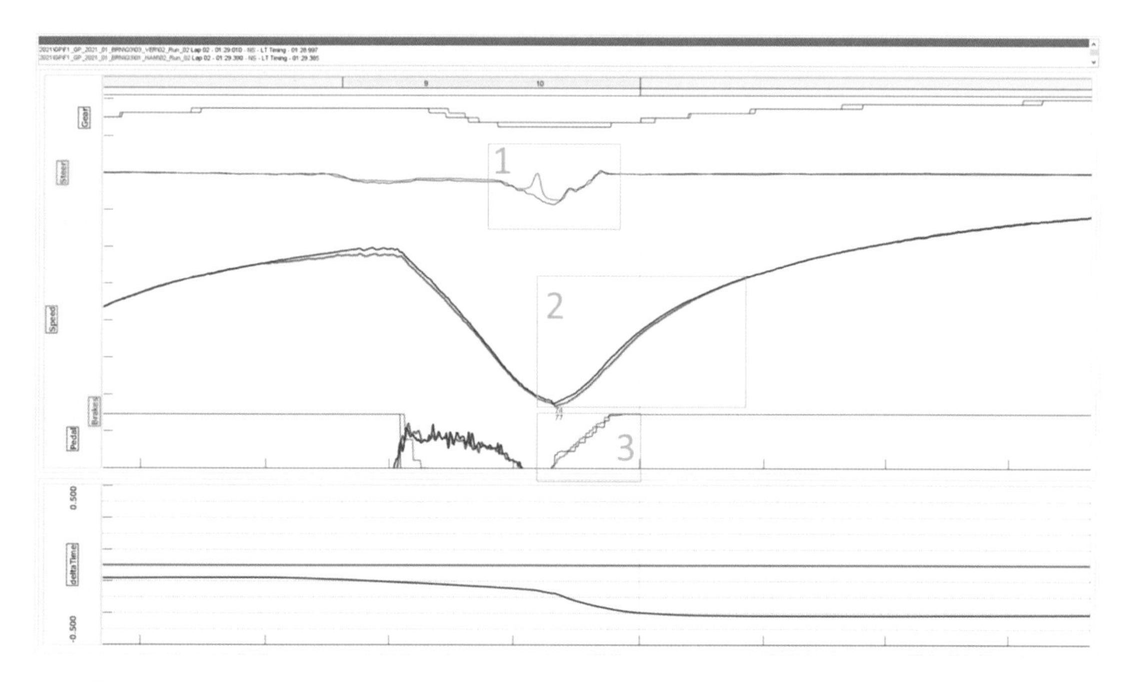

그림 3-11 2021 바레인 GP 퀄리파잉 Q3 데이터

그림 3-11 의 제일 위에서부터 코너 번호, 기어 단수, 스티어링휠 앵글, 차속, 브레이크 압력과 스로틀, 마지막으로 Delta-T 값이다. (파란색 – 막스 베르스타펜, 빨간색 – 루이스 해밀턴)

① 그래프 위의 1번 표시 박스에서 빨간색 데이터의 카운터 스티어를 확인할 수 있다. 이는 10번 코너 제동 말기, 트레일 브레이킹 중 오버스티어 발생으로 인해, 카운터 스티어가 발생했다.

② 2번 박스의 속도 그래프를 보면, 이 오버스티어 실수로 인해 10번 코너 탈출 속도가 막스에 비해 낮고, 이 속도 차이가 10번 코너 이후 직선 구간 동안 이어지며 Delta-T값이 +0.3초 더 벌어지게 된다.

③ 3번 박스의 스로틀 데이터를 보면, 오버스티어로 인해, 코너 속도가 더 낮았음에도 스로틀 전개에 주의를 기울여야 했고, 막스보다 초반부터 늦은 스로틀 전개를 볼 수 있다.

(3) Delta-T 그래프 활용 - 차량 튜닝 성능 비교

차량 튜닝에 의한 성능 향상 효과를 Delta-T 그래프를 활용하여 정확한 랩타임 이득을 확인하는 방법이다. (단, 차량 튜닝에 대한 성능 향상을 최대한으로 끌어낼 수 있는 운전자여야 의미가 있다.)

특히 공기 역학 파츠 튜닝에 의한 성능 확인 시, Delta-T 그래프 활용도가 높아진다.

공기 역학 파츠 튜닝의 경우 보통 다운포스가 증가하도록 튜닝이 진행되는데, 이는 자연스레 고속 공기 저항력을 증가시킨다. 다운포스 증가로 고속 코너의 선회 속도가 올라가지만, 반대로 직진 구간 최고 속도는 내려가게 된다.

직진 구간 랩타임 손실과 고속 코너 구간 랩타임 이득 양을 정확히 분석하고, 서킷 특성과 운전자 주행 스타일에 맞는 다운 포스 세팅을 찾는데 Delta-T 그래프를 활용할 수 있다.

그림 3-12 포르쉐 GT3 차량의 받음각 조절이 가능한 리어윙

3. 마찰원, G-Sum 데이터 분석

가속도 센서를 통해 계측된 Ax(종가속도)와 Ay(횡가속도) 데이터는 차량 성능 분석에 있어서 정말 중요하다.

제동 시 종가속도값은 차량의 최종적인 제동 성능을, 가속 시 종가속도값은 차량의 최종적인 가속 성능을 나타내는 지표이다. 종가속도값이 클수록 그 만큼 차량에서 발생하는 제동, 구동 성능이 좋다는 것을 의미한다.

앞에서 최종적이라는 표현을 쓴 이유는, 타이어 마찰 성능(제동력, 구동력)과 함께 여러 저항력이 모두 포함된 가속도값을 뜻하기 때문이다. (2장 **2.** 내용 참고)

인제 서킷과 같은 고저차가 큰 경우 노면 구배에 의한 종가속도 영향도 크고, 고속으로 갈수록 공기 저항력이 커지기 때문에 이 부분에 의한 종가속도 영향성도 꼭 알고 있어야 제대로 된 데이터 분석을 할 수 있다.

횡가속도값은 차량의 코너링 성능을 나타내는 지표이다. 횡가속도값이 클수록, 타이어에 더 강한 횡력이 발생 했음을 의미하고, 이는 곧 더 강한 코너링을 의미한다. 같은 코너 속도라면 회전 반경이 더 작은 코너링을 말하고, 같은 선회 반경이라면 코너 속도가 더 높다는 의미이다.

코너링 성능 한계를 뜻하는 최대 횡가속도값은 타이어 성능에 의해 대부분 결정된다. 에어로파츠 튜닝이 되어있는 차량이라면, 고속 코너에서 발생하는 다운포스 또한 최대 횡가속도값에 영향을 준다.

종가속도와 마찬가지로 노면의 뱅크각 또한 횡가속도값에 영향을 주는 요소이다.

그림 3-13 클러스터에 표시된 G-force 그래프

(1) 마찰원 분석

가장 대표적인 횡가속도 종가속도 분석 방법 중 하나이다. 아래와 같이 세로축은 종가속도, 가로축은 횡가속도로 나타낸 그래프에 가속도값의 좌표를 점 도표로 나타내어 분석하는 방법이다.

마찰원 그래프는 차량의 종가속도, 횡가속도를 한눈에 보기 쉽게 나타내 준다. 마찰원 그래프를 통해 타이어 한계 그립을 파악할 수 있고, 주어진 그립을 운전자가 어떻게 활용하고 있는지까지 보여준다.

종가속도 양수값은 가속(그래프 위쪽), 종가속도 음수값은 제동(그래프 아래쪽), 횡가속도 양수값은 우회전(그래프 오른쪽), 횡가속도 음수값은 좌회전(그래프 왼쪽)을 나타낸다.(LateralAcc : 횡가속도[g], InlineAcc : 종가속도[g])

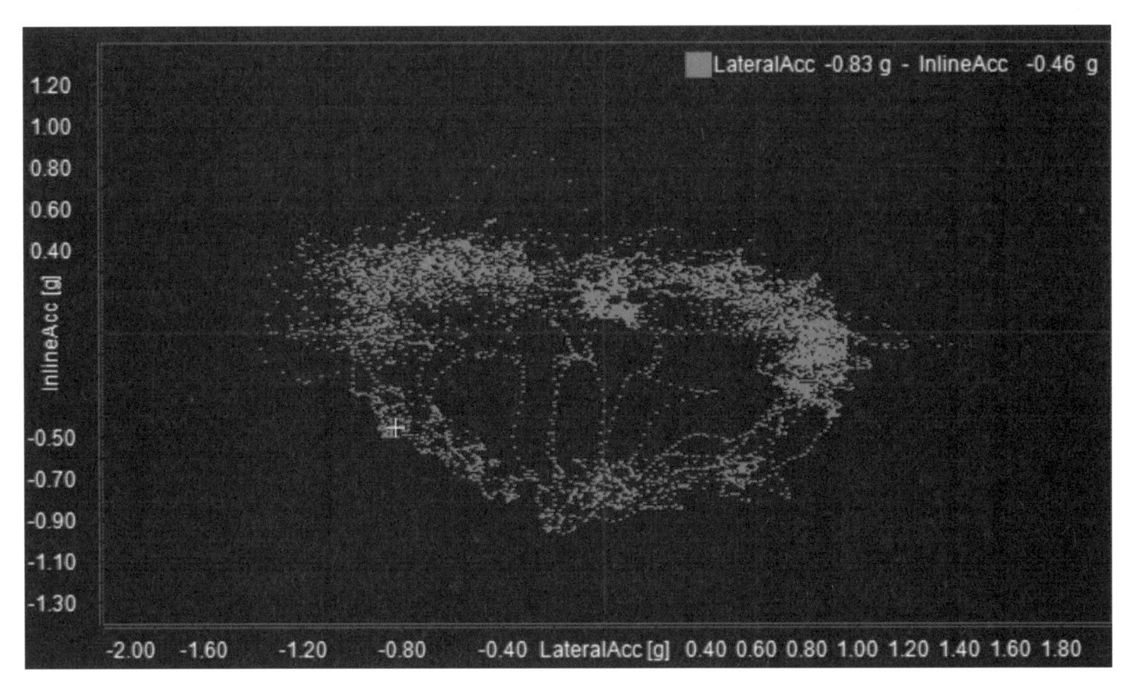

그림 3-14 마찰원 점도표 예시

타이어 한계치를 최대로 사용한 주행일수록, 대부분의 점들이 원의 내부가 아닌 원의 경계에 밀집하게 되고, 트레일 브레이킹과 코너 탈출 가속을 부드럽게 잘 할수록 찌그러진 원 모양이 아닌 부드럽게 연결된 원의 형태를 보이게 된다.

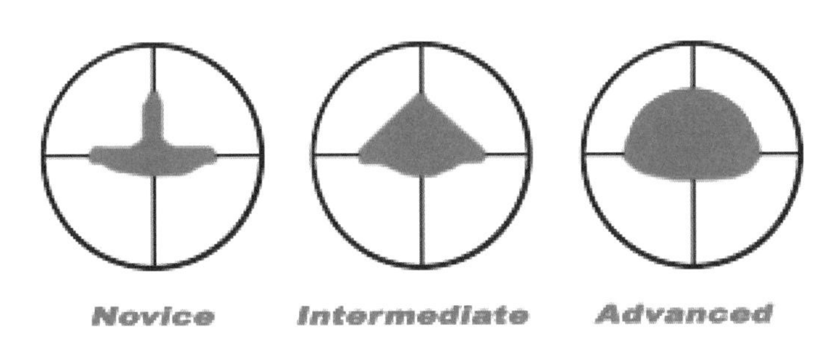

그림 3-15 운전 숙련도에 따른 마찰원 모양

마찰원 그래프는 사실 원이라기보다 타원에 가깝다. 아랫 부분이 넓은 타원 형태를 띄는 이유는, 일반적으로 제동력이 구동력 보다 크고, 공기저항력이 가속 상황에서는 저항력이지만, 제동 상황에서는 제동을 도와주는 효과로 작용하기 때문이다.

점도표 상 원의 넓이(점의 분포 넓이)가 넓을수록, 타이어 그립 사용량이 많다고 볼 수 있다. 그림 3-16와 같이 두 개 데이터를 겹쳐서 직접적으로 점의 분포(그립 사용량)를 직관적으로 비교할 수 있다. 파란색 데이터의 점의 분포가 빨간색 데이터 보다 확연이 넓은 것을 볼 수 있다. 특히 종방향 그립 사용량 차이가 큰 것을 볼 수 있다.

타이어 성능 비교, 에어로 파츠 튜닝 전후 비교, 엔진 맵핑 전후 비교,

드라이버 운전 스타일 비교 등에 마찰원 점도표를 활용할 수 있다.

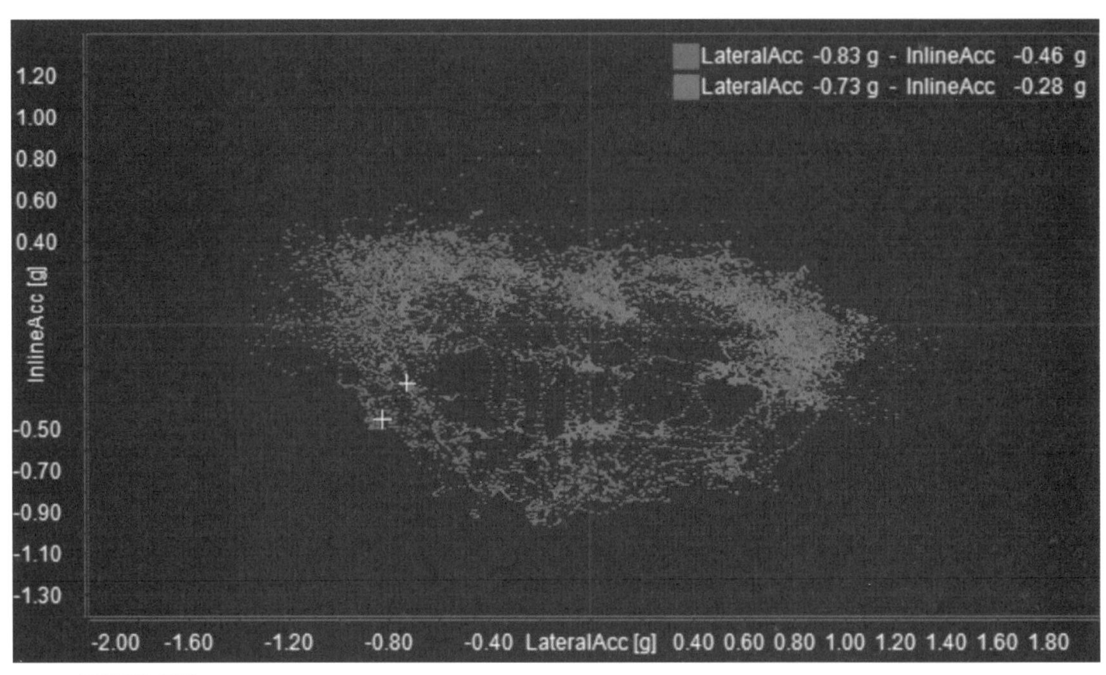

그림 3-16 데이터의 마찰원 점도표 비교

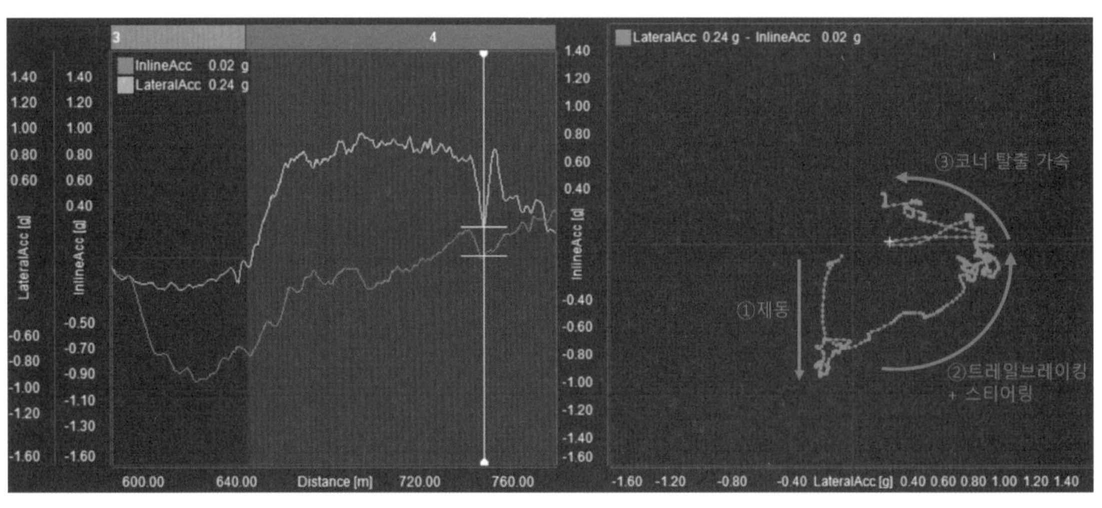

그림 3-17 특정 주행 구간에서 마찰원 점도표 분석 예시

그림 3-17과 같이 분석하고자 하는 구간을 세부적으로 확대하여, 마찰원 분석을 할 수도 있다. 분포된 점 사이를 선으로 이어 분포된 점의 궤적을 확인하면 조금 더 보기 쉽게 분석을 할 수 있다.

위 구간에서의 가장 큰 문제점은 코너 탈출 가속 시 오버스티어로 인해 횡가속도값이 0.24g까지 크게 한번 감소함과 동시에 종가속도 또한 감소되면서 타이어 그립 사용에 있어 손실을 보는 부분이다. 오른쪽 그래프 코너 탈출 가속에서 마찰원의 중심 부로 점의 궤적이 이동하였다가 다시 가속 방향으로 이동하는 것을 볼 수 있다.

(2) G-Sum 데이터 분석 및 활용

종방향 가속도와 횡방향 가속도의 합 가속도가 G-Sum 데이터이다. G-Sum은 종가속도 횡가속도의 벡터합으로, 원점에서 마찰원 상의 한 점까지의 거리(마찰원의 반지름)와 같다.

아래의 식을 이용하여 Math Channel을 통해 G-Sum 데이터를 만들 수 있다.

$$G = \sqrt{G_{long}^{2} + G_{lat}^{2}}$$

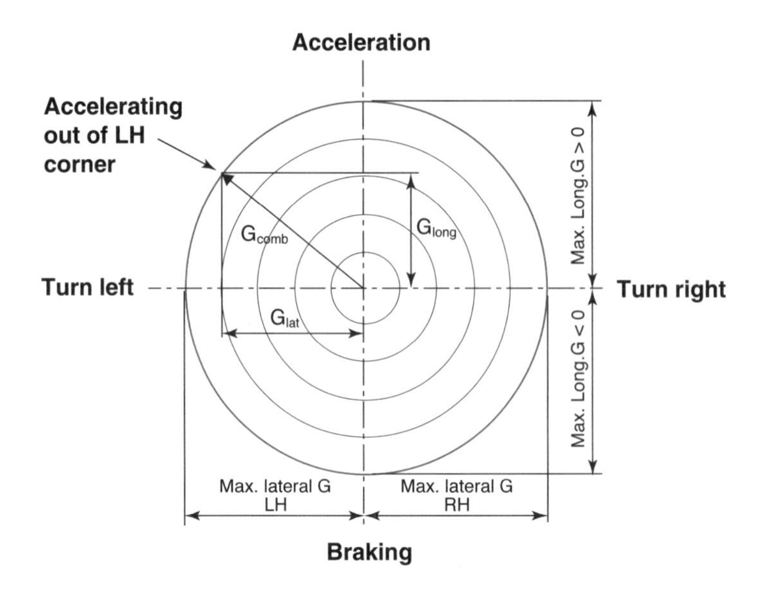

그림 3-18 종가속도와 횡가속도의 벡터합인 G-Sum

이렇게 생성된 G-Sum 데이터 활용 방법으로 두 가지가 있다.

첫째로 트레일 브레이킹 또는 코너 탈출 상황과 같이 가속도 전환 구간에서 타이어 그립을 충분히 사용했는지를 평가할 수 있다.

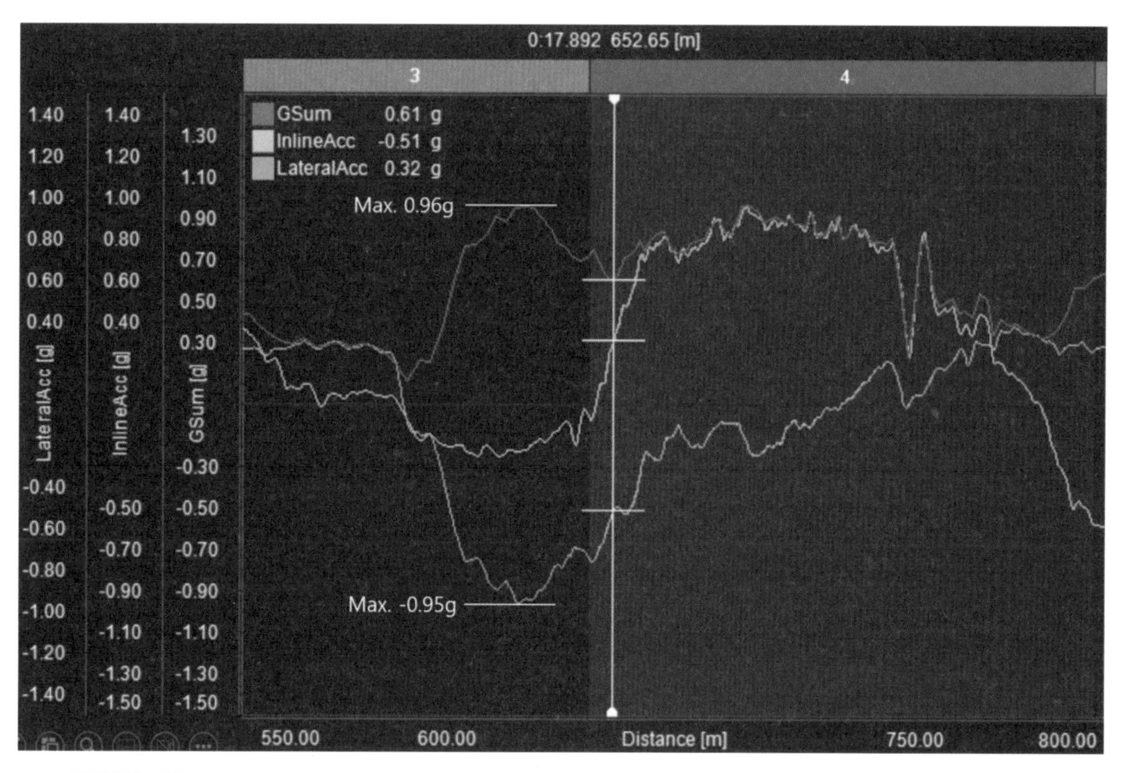

그림 3-19 횡가속도, 종가속도, G-Sum 데이터 예시

인제 4번 코너에서의 그림 3-19 데이터를 통해 트레일 브레이킹 및 코너 탈출 가속 구간에서 G-Sum 값의 변화를 확인해 보자.

4번 코너 진입 전 직선에서 최대 -0.95g까지 제동한 것을 확인할 수 있다. 이 부분에서 G-Sum값 또한 최대 0.96g까지 계산되는 것을 볼 수 있다.

이후 운전자는 코너에 진입하면서 제동력을 줄이면서, 스티어링을 점진적으로 가한다. (표시된 흰색 커서 부분) 종가속도 크기가 줄어들면서, 횡가속도값이 커지는 것을 확인할 수 있다. 하지만 이 전환 구간에서 G-Sum값은 0.61g까지 감소하는 것을 볼 수 있다.

여기 제동에서 스티어링으로의 전환 구간에서 타이어 그립을 한계치까지 충분히 사용하지 못했다고 볼 수 있다. 전환 구간에서 0.35g 가량 그립에 여유가 있다.

현재의 주행 라인에 큰 문제가 없다면, 제동 시점을 조금 더 뒤로 미뤄 전환 구간에서 타이어 그립을 충분히 사용하는 방법으로 개선할 수 있다.

트레일 브레이킹 구간 이후, 온전히 운전자 스티어링만 가해지는 구간에서 G-Sum값은 다시 0.96g 최대 그립까지 증가하게 된다.

종가속도값이 양수값으로 전환되기 시작하는 코너 탈출구간에서 횡가속도 감소에 의한 G-Sum 값이 크게 감소되는 부분을 볼 수 있다. 차량 오버스티어 발생으로 인해, 횡가속도가 크게 감소하고 감소한 만큼 타이어 그립 사용에 손실을 보게 된다. (**그림 3-17** 예시와 동일)

G-Sum 값을 활용하는 두 번째 방법으로, **타이어 그립 사용량 및 타이어 그립 한계치를 수치적으로 파악하는** 것이다. 타이어 그립 사용량의 경우 G-Sum 데이터 그래프의 면적을 통해서 구할 수 있고, 타이어 그립 한계값은 한계 영역에서의 G-Sum 평균값을 통해 구할 수 있다.

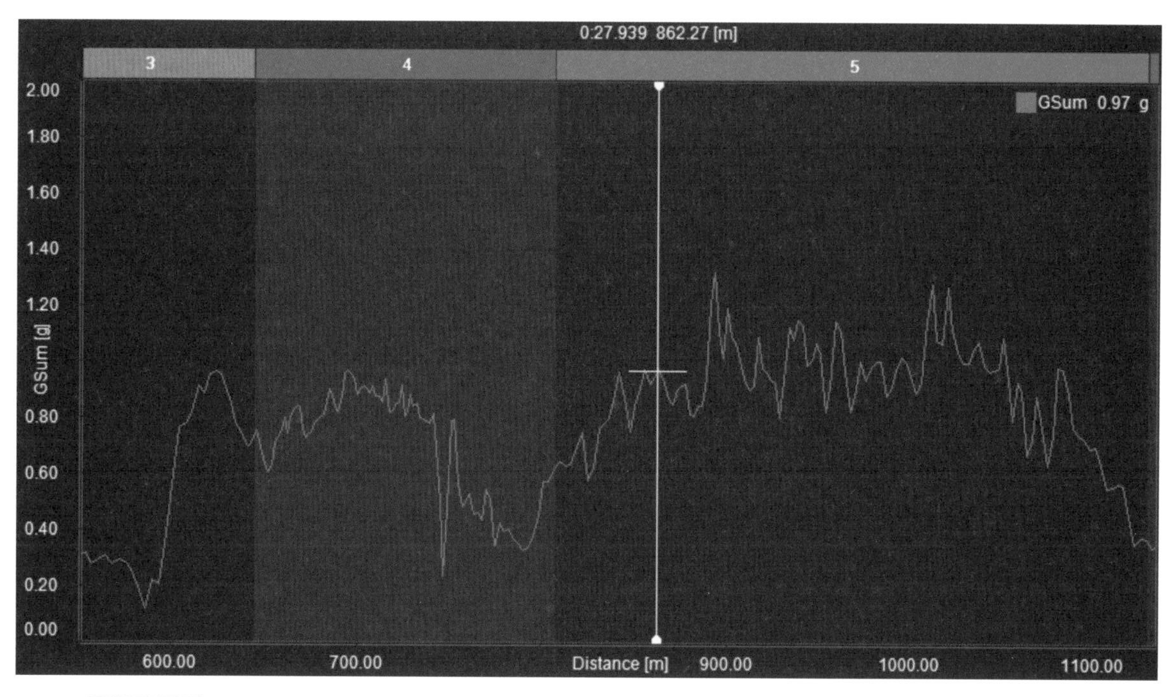

그림 3-20 타이어 그립 사용량을 나타내는 G-Sum 데이터의 면적

한 개의 포인트에서 G-Sum 값은 선택된 포인트에서의 타이어 그립 사용량을 나타내고, 모든 포인트에서의 총 합인 G-Sum 그래프의 면적은 전체 구간에서의 타이어 그립 사용량을 나타낸다.(마찰원 점도표 상의 각 점까지 거리의 총합)

1 LAP 동안 계측된 G-Sum 데이터 면적의 크기가 넓을수록 타이어 그립 사용량이 높다고 볼 수 있다. 같은 차량 조건에서 두 명의 드라이버의 그립 사용량을 비교하여 드라이버 퍼포먼스를 비교할 수 있고, 타이어 평가 시에도 G-Sum 그래프 면적 크기 비교를 통해 타이어 성능을 비교할 수도 있다. (분석 툴의 Integral 기능을 통해 면적을 구할 수 있다.)

타이어 그립의 한계치를 파악할 때는 한계 영역에서의 G-Sum 평균값을 통해 확인하는 것이 효과적이다. 타이어 성능 비교, 에어로 파츠에 의한 한계 그립 상승량 비교 등에 유용하게 쓰일 수 있다.

G-Sum 평균값을 구하기 전, 데이터 필터링이 중요하다. 데이터 필터링 없이 모든 데이터에 대한 평균값을 구하게 되면 불필요한 상황까지 평균 계산에 영향을 주어 잘못된 비교를 할 수 있다.

일반적인 양산 차량에서의 G-Sum 평균값 비교시에는 0.8g 이상의 값들만 필터링하여 평균값을 계산하여 비교하는 것을 추천한다.

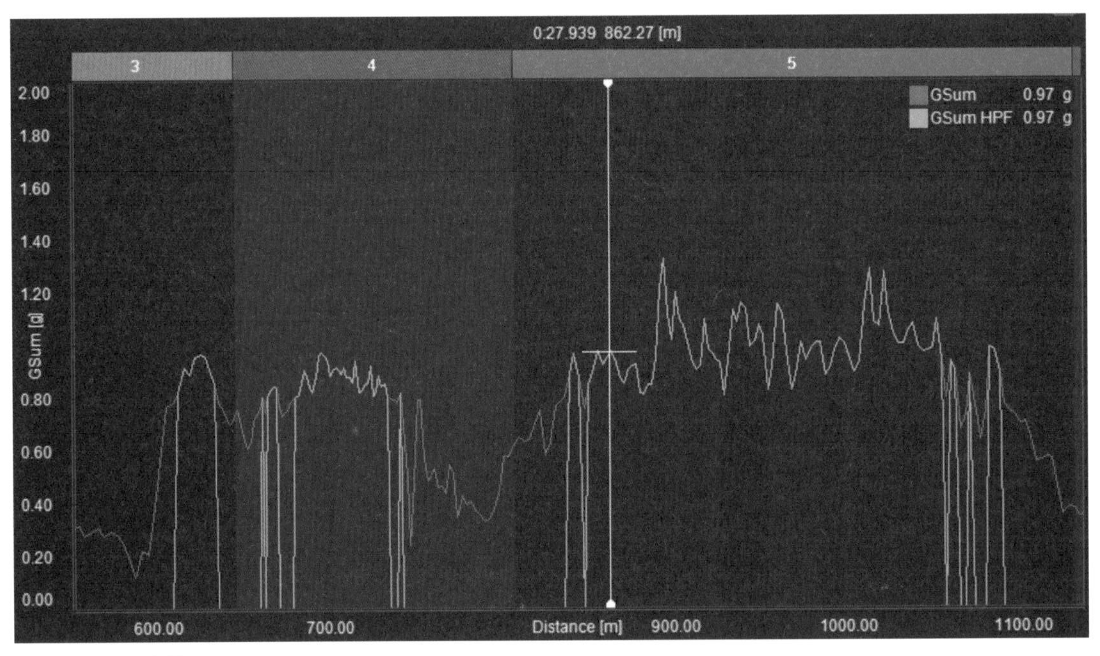

그림 3-21 0.8g 이상 영역만 필터된 G-Sum 값(연두색)

1LAP 전체 데이터에서, 위와 같이 0.8g 이상의 값으로 필터링하고, Integral 기능을 이용하여 G-Sum 평균값을 구할 수 있다. 필터링된 값

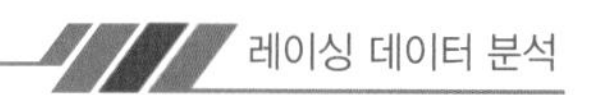

들의 면적을 구하여, 필터링된 구간의 시간 총합으로 나눠 주면 G-Sum 평균값을 구할 수 있다.

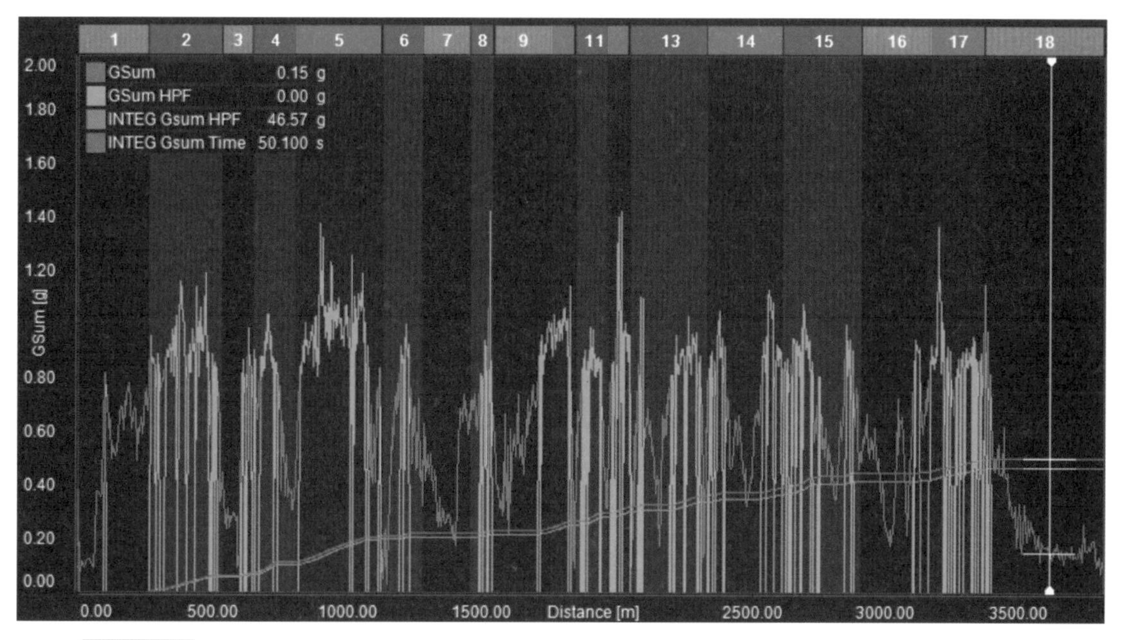

그림 3-22 0.8g 이상 구간의 G-Sum 총 합과, 0.8g 이상 구간의 시간 총합 데이터

그림 3-22에서 0.8g 이상의 G-Sum 평균값은 0.93g로 계산된 것을 볼 수 있다.

위의 데이터에서는 0.8g 이상의 영역으로 필터하였지만, 고성능 타이어 또는 레이스카 데이터에서는 1.0g 이상의 값들만 추출하여 비교할 수도 있다.

에어로 파츠 튜닝에 의한 그립 증가량을 확인할 때는, 고속 코너(120 km/h 이상 코너) 데이터를 추출하여 마찬가지로 G-Sum 평균값을 비교하면 효과적이다.

4. 휠슬립률을 이용한 타이어 그립 분석

휠슬립률 데이터를 통해 각각의 휠 별 타이어 그립 사용량을 파악하는 방법을 소개해 본다.

(1) 휠슬립률 정의 및 마찰 특성

휠슬립률은 가속 또는 제동 시, 차량의 속도 대비 휠이 종방향으로 미끄러지는(Slip) 비율을 나타낸 값이다. 차속 분에 차속 마이너스 휠속으로 계산할 수 있고, 퍼센트 비율로 나타낸다.

$$\lambda\ (Wheel\ Slip\ Ratio) = \frac{V - V_w}{V} \times 100\%$$

① 차속의 경우, GPS 차속 또는 CAN 데이터 상의 차속을 이용할 수 있고, 휠속의 경우 휠스피드 센서를 통해 계측된 휠속도 값을 CAN 데이터를 통해 이용할 수 있다.

② 운전자 제동 시에는 휠 속도가 차량 속도보다 작고(V〉Vw), 휠슬립률은 양수 값을 가진다.

③ 운전자 가속 시에는 휠 속도가 차량 속도보다 크고(V〈Vw), 휠슬립률은 음수 값을 가진다.

④ 운전자 종방향 인풋이 없는 상태에서는, 휠 속도와 차량 속도가 같고(V=Vw), 휠슬립률은 0이 된다.

⑤ ABS가 없는 차량에서 노면 대비 과도한 제동력으로 인해 휠락(Wheel-Lock)이 발생할 경우(Vw=0), 휠슬립률은 100%가 된다.

⑥ 최대 타이어 마찰력을 발생시키는 휠슬립률 구간이 아래 그래프와 같이 존재한다.

타이어별로 조금씩 차이가 있지만, 보통 10~20% 사이의 휠슬립률 구간에서 최대 타이어 마찰력이 발생된다. 그리고 최대 마찰력을 발생시키는 휠슬립률 이후부터 횡방향 그립을 급격히 잃으며 휠 불안정 영역으로 넘어가게 된다.

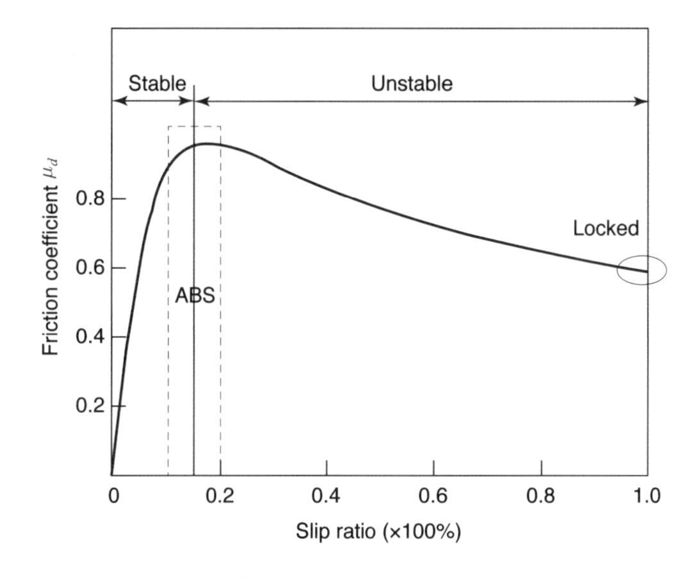

그림 3-23 휠슬립률에 따른 타이어 마찰력

(2) 휠슬립률 데이터 분석

타이어 그립 대비 과도한 종방향 힘이 작용할 때, 차량 속도와 휠 속도가 벌어지며 휠슬립률이 크게 발생한다.

과도한 휠슬립률 발생은 타이어 종방향 힘을 오히려 감소시킨다. 그리고 종방향 힘으로 이미 타이어 한계를 벗어났기 때문에, 타이어 횡방향 그립은 없는 횡방향 불안정 상태를 발생시킨다.

선회 중, 전륜이 횡방향 불안정 상태라면 언더스티어가 발생하고, 반대로 후륜이 횡방향 불안정 상태라면 오버스티어가 발생한다.

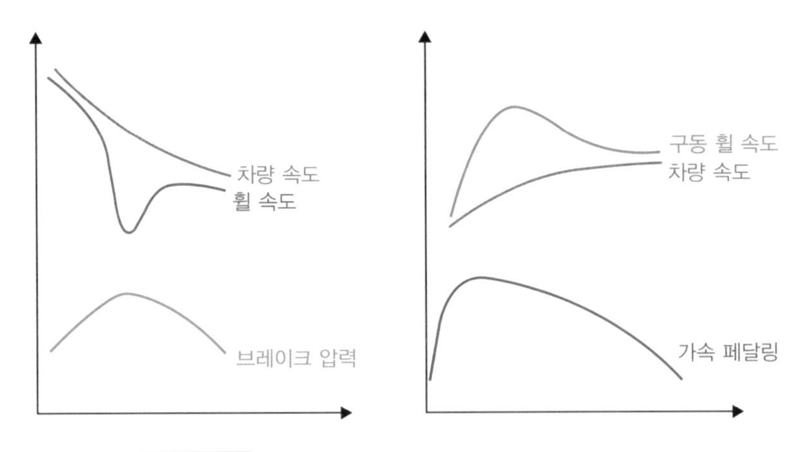

그림 3-24 제동 상황, 가속 상황에서의 휠슬립 발생 예시

ABS, TCS 기능이 없는 F1 레이스카에서 트레일 브레이킹하며 코너 진입 시, 선회 내측 휠이 휠락(Wheel-Lock)되며 흰 연기가 나는 장면을 많이 볼 수 있다.

직진 구간 제동 후반에 차량 속도가 많이 줄어들며 다운 포스가 줄어들기도 하고, 코너 진입을 하게 되면 하중이 선회 외측 휠로 이동하기 때문에, 상대적으로 선회 내측 휠의 타이어 그립 한계는 급격히 줄어들게 된다.

선회 내측 휠에 하중이 빠지면서, 걸려 있던 제동 압력보다 타이어 그립 한계가 낮아지면 타이어는 버티지 못하고 휠 속도는 급격히 줄어들며 휠락(휠 속도 0인 상태)까지 발생하게 된다.

그림 3-25 F1 Mercedes AMG 차량에서 휠락(Wheel-Lock)이 발생하는 모습

LSD(차동제한장치)가 없는 차량에서는 선회 탈출 가속 시, 구동축의 선회 내측 휠스핀과 함께 흰 연기가 발생하는 것을 자주 볼 수 있다.

선회 후반 스티어링을 풀며 서서히 가속 페달을 밟으며 탈출할 때, 마찬가지로 하중이 아직 선회 바깥쪽 휠로 많이 이동되어 있는 상태이기 때문에, 선회 내측 휠의 타이어 그립 한계는 낮은 상태이다. 타이어 그립 한계가 낮은 상태에서 LSD가 없는 차량에서는 하중이 적은 내 측 휠로 구동 토크가 더 많이 전달되며 상황은 더욱 악화된다

운전자가 조금만 성급하게 가속 페달을 전개하면 구동축의 선회 내측

휠로 모든 구동 토크가 이동하여 흰 연기를 내뿜으며 헛도는 것을 쉽게 볼 수 있다.

일반 양산 차량에서는 ABS 기능을 따로 끌 수 없기 때문에, 일반적으로 휠슬립률 분석은 TCS OFF 상태의 가속 상황에서 주로 이루어진다.

제동 상황에서는 ABS 기능 때문에, 사실상 휠슬립률 분석이 크게 의미가 없다.(ABS 작동 이전 영역에서도 전후, 좌우 제동력 분배 기능에 의해 제동 휠슬립률이 제어된다.) ABS 퓨즈를 뽑거나 휠스피드 센서를 단선시킬 경우 ABS 기능이 작동하지 않게 만들 수 있지만, ABS 없이 서킷 주행은 아주 위험하기 때문에 절대 추천하지 않는다.

아래 **그림 3-26**에서 휠슬립률 데이터를 확인해 보자. 인제 서킷 4번 코너, TCS/ESC OFF 상태의 후륜 구동 차량에서의 데이터이다.

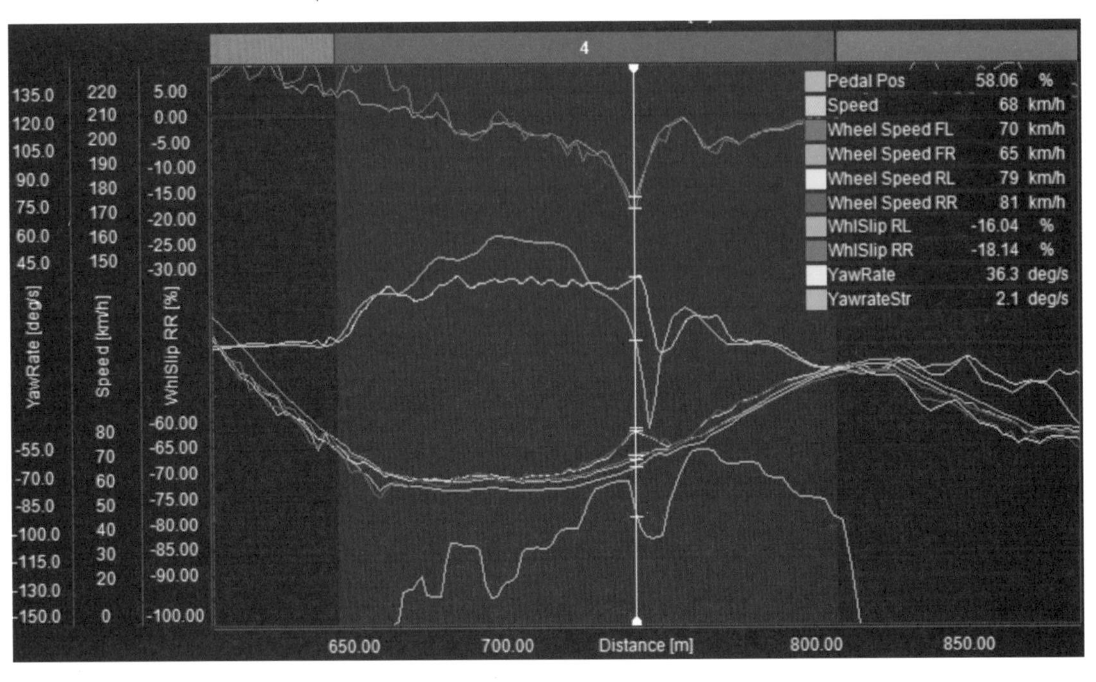

그림 3-26 코너 탈출 상황에서 휠 슬립이 크게 발생한 데이터 예시

먼저 분석 프로그램의 Math Channel 기능을 통해 위 휠슬립률 공식을 이용하여, 휠슬립률 데이터를 생성한다. Math Channel을 생성할 때 주의할 점은, CAN을 통해 계측된 차속과 휠속 값이 사용하기 적합한지 확인하는 것이다. 운전자 제동과 가속을 하지 않는 직진 주행에서 4개의 휠속과 차속값이 거의 일치하는지 꼭 확인 후 Math Channel 생성에 사용해야 된다.

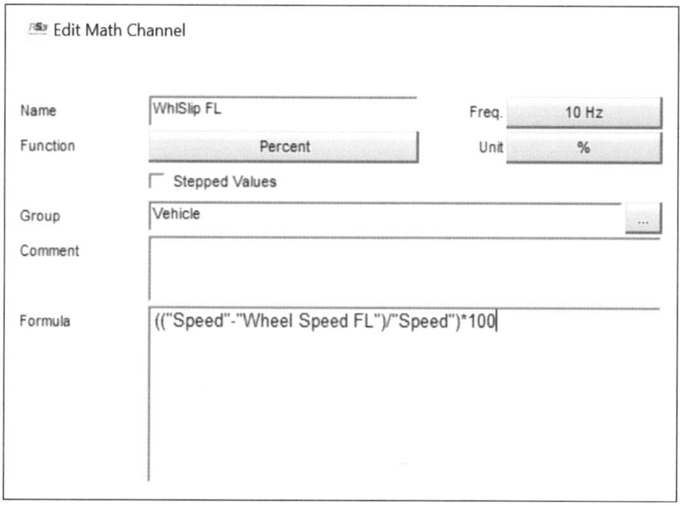

Edit Math Channel

Name WhlSlip FL
Freq. 10 Hz
Function Percent
Unit %
Stepped Values
Group Vehicle
Comment
Formula (("Speed"-"Wheel Speed FL")/"Speed")*100

그림 3-27 Math Channel 기능을 이용하여 Front Left 휠슬립률 데이터를 생성하는 모습

운전자는 720m 부근부터 스티어링을 풀면서, 더 과감하게 스로틀 페달을 밟았다. 증가된 스로틀 페달 인풋(아래쪽 하늘색)과 함께 구동륜 휠속인 RL, RR(노란색, 파란색)이 증가하는 것을 볼 수 있다.

LSD가 없는 Open Differential 차량에서는 하중이 작은 선회 내측 휠로 구동 토크가 크게 걸리면서 선회 내측 휠속만 크게 증가한다. 하지만 LSD가 장착된 차량에서는 LSD의 작동으로 위 데이터와 같이 구동축 두

개 휠속이 동시에 증가하는 것을 볼 수 있다.

코너 탈출시 운전자의 성급한 스로틀 페달 전개로, 휠슬립률이 급격하게 증가하면서 커서 부분에서 Rear Right 휠의 경우 최대 −18%까지 증가하는 것을 볼 수 있다.

과도한 가속 휠슬립률이 발생하면서, 후륜 횡그립을 잃게 되고 이로 인해 오버스티어가 발생하는 것도 확인할 수 있다. 운전자가 스티어링을 줄였지만(스티어링 요레이트 계산 값, 3.5장 참고) 차량 요레이트값(노란색)은 스티어링이 줄어든 만큼 줄어들지 못하고, 계속 유지되면서 오버스티어가 발생한다. (차량 회두가 운전자 조향 의도보다 더 많이 발생)

위 데이터의 커서 이후 부분에서, 운전자는 가속 페달을 30%가량 놓음과 동시에 반대 방향의 카운터스티어를 한 이후에 차량 요레이트값이 줄어드는 것을 볼 수 있다.

여기서 발생한 랩타임 손실의 근본 원인은 과도한 가속 휠슬립률로 볼 수 있다. 과도한 후륜 휠슬립으로 인한 오버스티어 발생과 이 오버스티어를 잡기 위해 가속 페달을 잠깐 놓고 이때 휠슬립률이 0% 가깝게 줄어들면서 가속 손실까지 발생하였다.

이 구간에서 이러한 손실을 발생시키지 않기 위해서는 조금 더 부드럽고 점진적인 스로틀 전개를 통해 과도한 가속 휠슬립률이 발생하지 않도록 해야 한다.

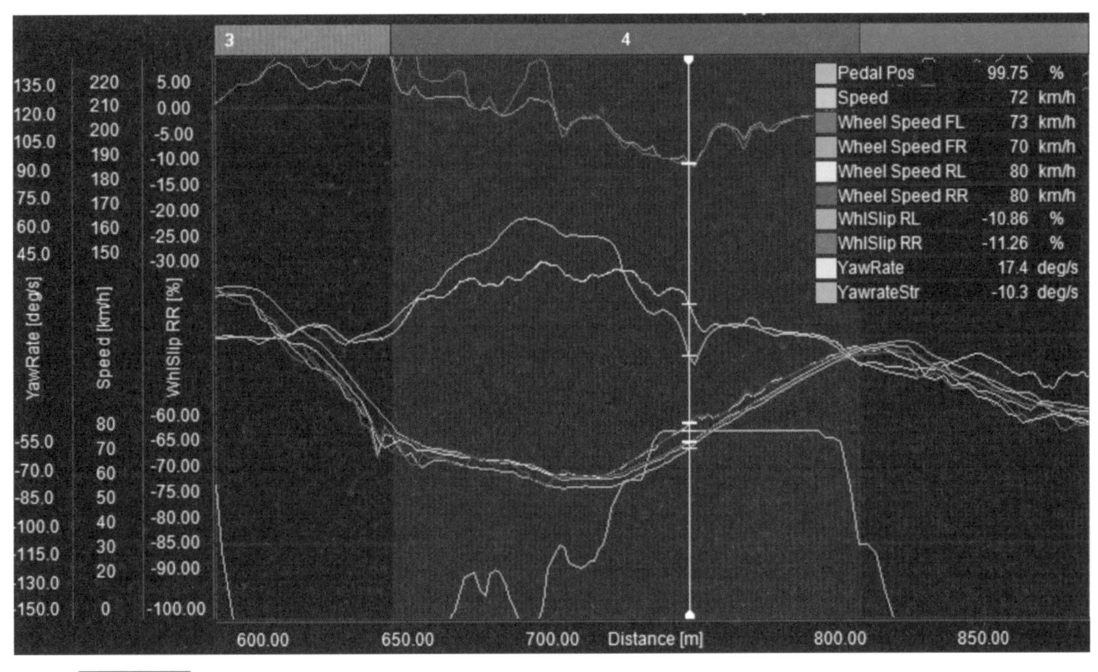

그림 3-28 코너 탈출 상황에서 휠슬립률이 적당히 발생한 예시

위 데이터는 같은 차량 같은 코너에서 오버스티어 발생이 거의 없었던 데이터이다. 가장 큰 차이는 운전자의 조금 더 늦은 가속 페달 전개로 휠슬립률이 −10%대를 유지하고 있는 것이다.

약간의 오버스티어가 발생하기는 하지만, 운전자가 스티어링(하늘색)을 감소한 만큼 차량 요레이트값(노란색) 또한 같이 감소하는 것을 볼 수 있다.

과도한 카운터스티어 조작도 없고, 스로틀을 한번 놓으면서 멈칫거리는 구간 없이 가속을 이어가게 된다.

(3) ABS(Anti-lock Brake System), TCS(Traction Control System)

ABS, TCS 두 기능 모두 휠에 가해지는 종방향 힘을 제어하여 최적 휠 슬립률을 유지함과 동시에 횡방향 안정성과 조향성까지 확보하는 기능이다.

ABS, TCS 제어

① ABS(Anti-lock Brake System) : 제동 휠슬립 제어 (브레이크 유압 제어 이용)

② TCS(Traction Control System) : 가속 휠슬립 제어 (엔진 토크 및 브레이크 유압 제어 이용)

ABS의 경우 브레이크 유압 제어 장치를 이용하여, 제동 휠슬립률이 일정 범위 내에서 유지되도록 각각의 휠 별로 브레이크 압력을 독립적으로 제어한다.

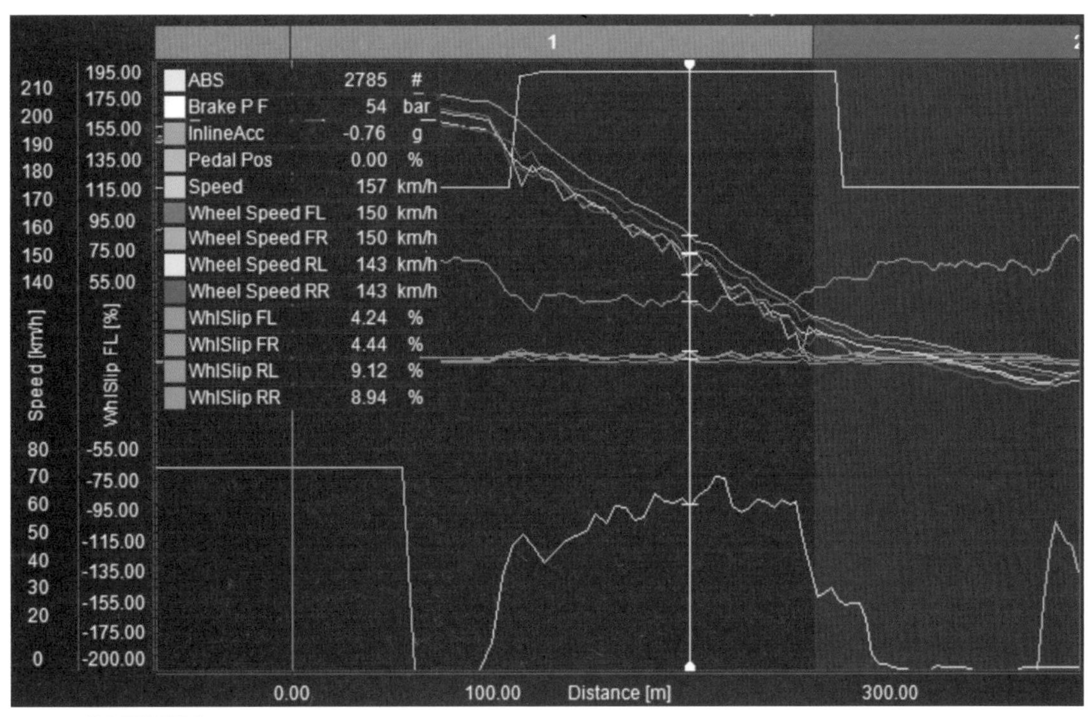

그림 3-29 ABS 제어 데이터 예시

위 인제 서킷 1번 코너에서의 ABS 제동 데이터를 보면, 4개 휠의 휠슬립률이 3~10% 사이로 각각 제어되는 모습을 볼 수 있다. 이때 제동 감속도는 0.8g 수준으로 제동되고 있다.

TCS의 경우, 구동축의 가속 휠슬립률이 일정 범위 내에서 유지되도록 엔진 토크를 제어한다. Open Differential 차량에서 가속 시 구동축의 좌우 휠 속도차가 발생할 경우 브레이크 제어가 함께 작동될 수 있다. 휠 스핀이 과다하게 발생하는 휠에 브레이크 유압을 발생시켜 가속 상황에서 구동축의 휠 속도 차를 감소시켜준다.

LSD가 장착된 차량에서는 LSD 장치에 의해 구동축 좌우 휠 속도차가 보정됨으로, 브레이크 TCS 기능은 보통 비활성화 된다.

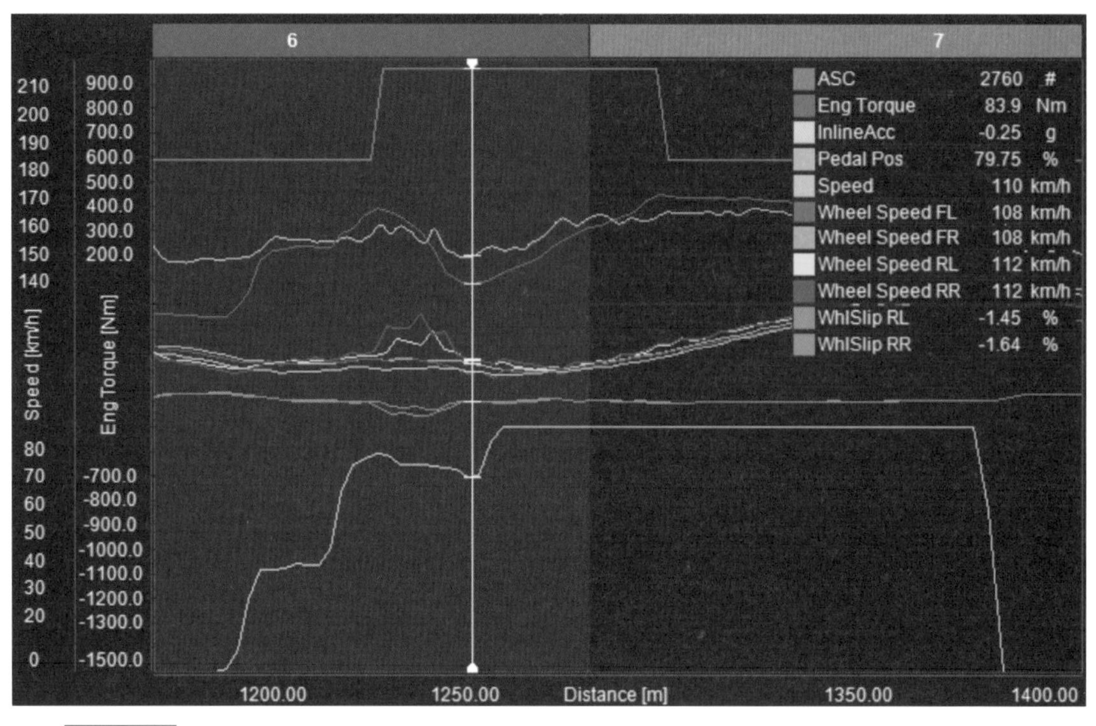

그림 3-30 TCS 제어 데이터 예시

위 데이터는 인제 서킷 7번 코너의 연석을 밟을 때 TCS가 동작하는 데이터이다.

TCS 작동 전(남색 ASC 데이터 작동 전), 운전자 스로틀 포지션에 따라 엔진 토크값(빨간색)이 증가하다가, TCS 작동되면서 380Nm에서 83Nm까지 엔진 토크가 감소하고 있다.

엔진 토크가 감소하면서 구동 휠슬립률이 최대 −12%까지 가속 초반 과하게 발생하던 것이 TCS 제어 이후 −1%까지 낮아졌다.

하지만 TCS에 의한 엔진 토크 감소량이 너무 크고 그 이후 엔진 토크 증가 속도 또한 느려 운전자 풀악셀 중임에도 더딘 가속감(낮은 휠슬립률 제어 구간 발생)과 함께 가속 손실이 발생했다. 이와 같은 TCS 세팅 차량에서는 TCS 작동이 랩타임 손실을 가져다 줄 가능성이 크다.

양산 차량에서 ABS 기능은 비활성화 자체가 불가능하지만, 서킷을 즐기는 분들 중 대다수가 이러한 주행 불편감과 답답함으로 인해 TCS 기능을 끄고 타는 것을 많이 보았다.

실제로 양산 차량의 ABS와 TCS 기능의 설정값은 안전 지향적이고 보수적인 경우가 많다. 기능 작동 시 종방향 타이어 최대 그립을 쥐어짜내어 한계치를 사용하기보다는, 횡방향 안정성에 조금 더 가중치를 두어 개발하는 편이다.

부드러운 제어감 또한 기능 개발 시 주요 평가 항목이기 때문에, 이러한 기준으로 개발된 ABS, TCS 기능은 스포츠 주행 시 답답한 느낌을 주는 경우가 많다.

하지만 실제 레이싱 목적으로 개발된 ABS, TCS 기능은 드라이버에게 정말 강력한 무기가 된다. 매 코너에서 한계 제동을 실수 없이 가능하게 하고, 코너 탈출 시 한계 가속 또한 가능하게 만들어 준다.

사진 3-31 Bosh사의 모터 스포츠용 ABS 키트

타이어 마모도 더 줄여주고 타이어 관리에도 효과적이다. 드라이버 조작 실수도 방지하여 드라이버가 받는 스트레스 또한 덜어줄 수 있고, 젖은 노면과 같이 미끄러운 노면에서는 더욱 더 ABS와 TCS 효과가 빛을 발한다.

그림 3-32 레이싱 차량에 장착된 Bosch사의 ABS 장치 (ABS 개입량 조절 가능)

최근 양산되는 몇몇 고성능 차량에서는 레이싱 차량과 유사하게 운전자가 TCS 개입 정도를 세부적으로 설정할 수 있도록 지원한다. 운전자는 자신의 운전 스타일과 차량에 장착된 타이어 성능에 맞게 TCS 개입 정도를 설정하여 서킷 주행에 활용할 수 있다.

그림 3-33 벤츠 AMG GT-R 차량의 TCS 조절 다이얼

데이터 로거를 통해 본인 차량의 ABS 및 TCS 성능을 분석해 보는 것도 나름 데이터 분석의 재미를 줄 수 있으니 한 번씩 해보는 것을 추천한다.

5. 요레이트(Yaw rate)를 이용한 오버/언더스티어 분석

앞단원 3장(차량에 가해지는 횡방향 힘과 코너링)에서 요레이트에 대한 내용을 간단히 다시 한번 정리해 보면, 아래와 같다.

이를 이용하여 요레이트 분석 방법에 대해 보다 자세히 정리해 보았다.

① 요레이트(Yaw rate)는 차량의 회두성을 나타내는 데이터이다.
② 오버스티어 현상은 뉴트럴스티어 대비 요레이트값이 크게 발생하여 운전자 의도보다 차량이 더 회전하여 차량이 코너 안쪽으로 말리는 현상이다.
③ 언더스티어 현상은 뉴트럴스티어 대비 요레이트값이 낮게 발생하여 운전자 의도보다 차량이 덜 회전하여 차량이 코너 바깥쪽으로 벗어나는 현상이다.
④ 선회방정식을 이용하여, 운전자 스티어링 의도에 맞는 뉴트럴스티어 요레이트값을 구할 수 있고, 이 값을 기준으로 요레이트 센서값과 비교하여 오버스티어, 언더스티어 판별 및 발생량을 알 수 있다.

(1) 요레이트 기준값 생성하기

운전자 의도(운전자 스티어링)가 반영된 요레이트 기준값을 구하기 위해, 아래 선회 방정식을 다시 한번 살펴보자.

$$\psi = \frac{1}{\left((v/v_{char})^2 + 1\right)} \bullet \frac{v \bullet \delta}{l}$$

차속(v)과 조향각(δ)은 운전 상황에 따라 실시간으로 바뀌는 변수값이고, 휠베이스(l)와 특성속도(v_{char})값은 차량에 따라 정해지는 상수값이다.

휠베이스의 경우 차량 제원 검색을 통해 바로 찾을 수 있지만, 특성 속도의 경우 아래 방법으로 시험하여 직접 측정하여야 한다. 특성 속도를 구하는 자세한 방법은 아래와 같다.

① 마른 노면에서 50~100 km/h 속도 영역으로 슬립이 발생하지 않도록 코너링 (횡가속도 0.2~0.3g 수준)하는 데이터를 계측한다. 정상 상태 데이터일수록 특성 속도를 구하기 쉽기 때문에, 최대한 부드럽고 일정 조향각을 유지하도록 노력한다. 와인딩 코스를 부드럽게 천천히 주행하는 것을 추천한다.

② 계측한 데이터를 열고, Math Channel을 이용하여 위 선회 방정식을 직접 입력하여 요레이트 기준값을 생성한다.
YawrateStr(요레이트 기준값) 생성 시, 차량에 맞는 조향비와 휠베이스값을 검색하여 입력해야 한다. **그림 3-34**의 Math Channel 예시는 BMW M2 차량으로, 조향비는 15:1이고 휠베이스는 2.693m이다. 특성속도값은 임시로 25m/s를 넣고 Math Channel 생성을 마무리한다.

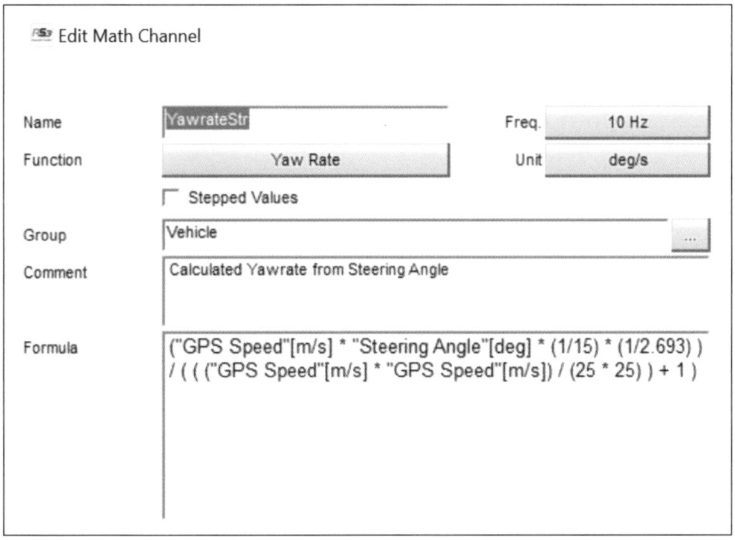

Edit Math Channel

Name: YawrateStr
Freq.: 10 Hz
Function: Yaw Rate
Unit: deg/s
Stepped Values
Group: Vehicle
Comment: Calculated Yawrate from Steering Angle
Formula: ("GPS Speed"[m/s] * "Steering Angle"[deg] * (1/15) * (1/2.693)) / ((("GPS Speed"[m/s] * "GPS Speed"[m/s]) / (25 * 25)) + 1)

그림 3-34 Math Channel 기능을 이용하여 YawrateStr 데이터를 생성하는 모습

③ 계측한 데이터 내에서, Math Channel에서 만든 요레이트 기준값과 차량 요레이트 센서값만 띄어 놓고, 스케일을 일치시켜 비교해 본다.

슬립이 없는 뉴트럴스티어 상태로 코너링한 데이터이기 때문에, 선회 방정식을 통해 계산된 요레이트 기준값과 차량 요레이트 센서값이 같아야 한다.

$$YR_{steering} = YR_{sensor}$$

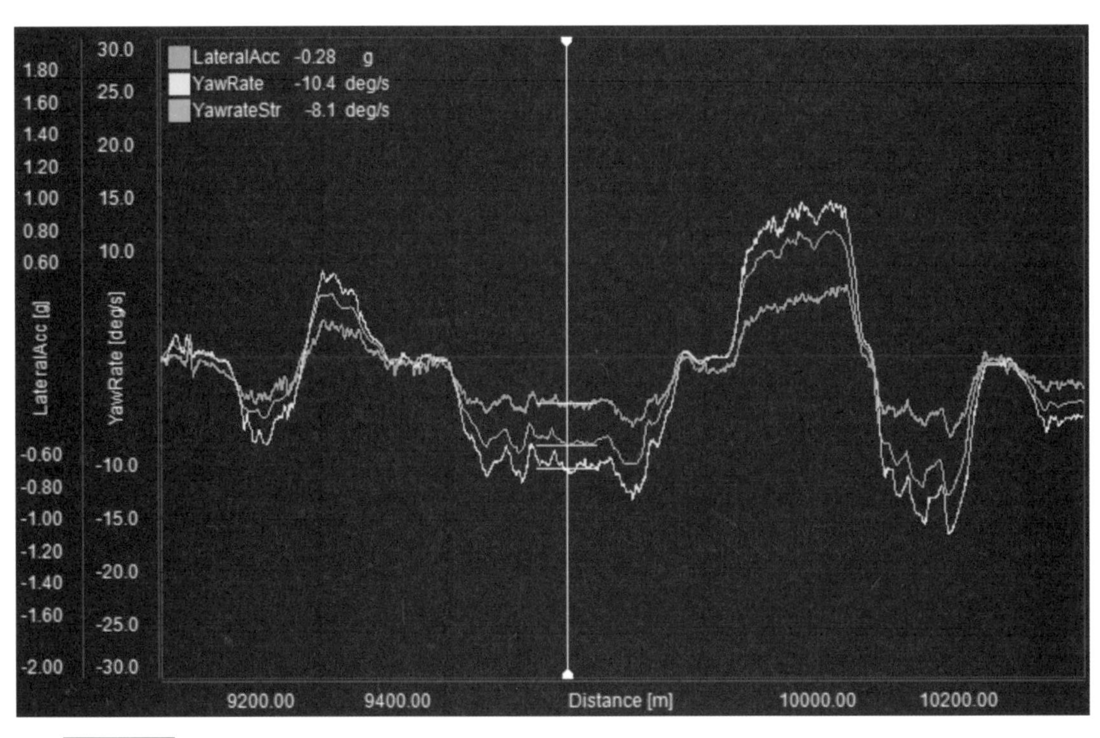

그림 3-35 특성 속도 25m/s로 Math Channel에 대입

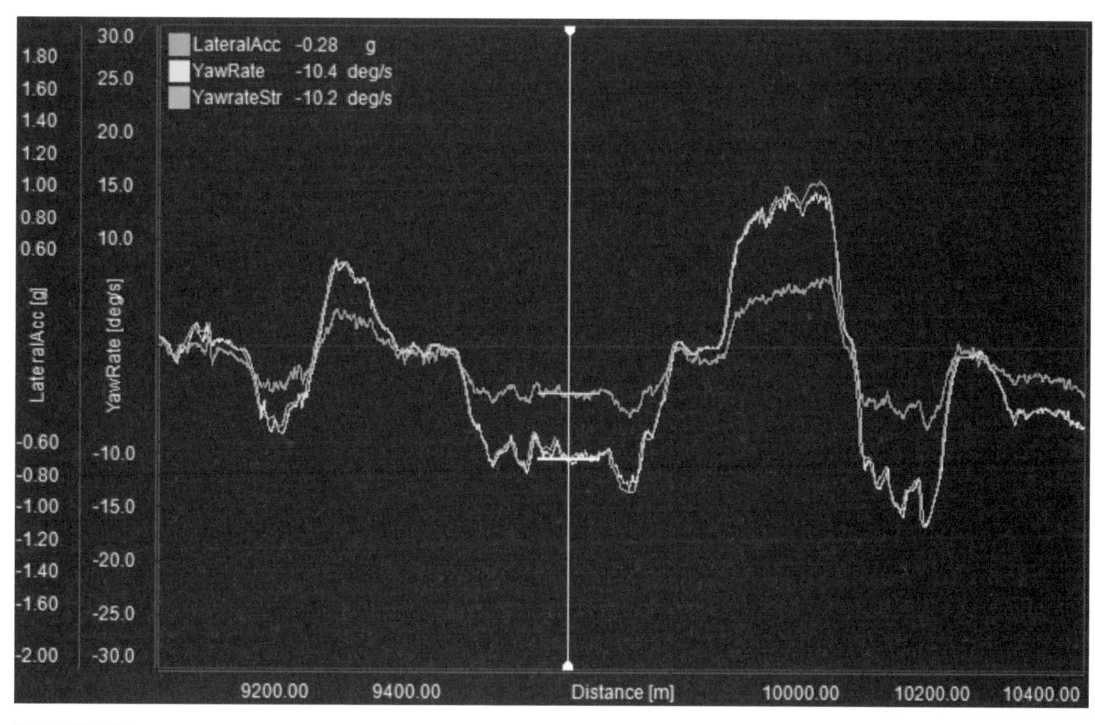

그림 3-36 특성 속도 40m/s로 Math Channel에 대입

④ 해당 데이터에서 두 요레이트값이 최대한 일치되도록 특성속도 값을 찾는다. 최소 두 요레이트값 차이가 0.5 deg/s 이내여야 한다. 그림 3-35와 그림 3-36을 보면 현재 세팅의 M2 차량에서 알맞은 특성 속도 값은 40m/s임을 알 수 있다.

(2) 오버스티어, 언더스티어 데이터 분석

요레이트 기준값과 요레이트 센서값을 비교하여 차량에서 언더스티어, 오버스티어 발생을 판단할 수 있다. 그리고 요레이트 기준값과 센서값의 차이가 클수록, 언더스티어, 오버스티어 발생량이 크다는 의미이다.

$YR_{steering} > YR_{sensor}$: **언더스티어**

$YR_{steering} < YR_{sensor}$: **오버스티어**

$YR_{steering}$: 선회 방정식을 통해 계산된, 뉴트럴스티어 요레이트 기준값

YR_{sensor} : 센서를 통해 계측된 실제 차량 발생 요레이트

그림 3-37 오버스티어 발생 차량에서의 카운터 스티어 조작

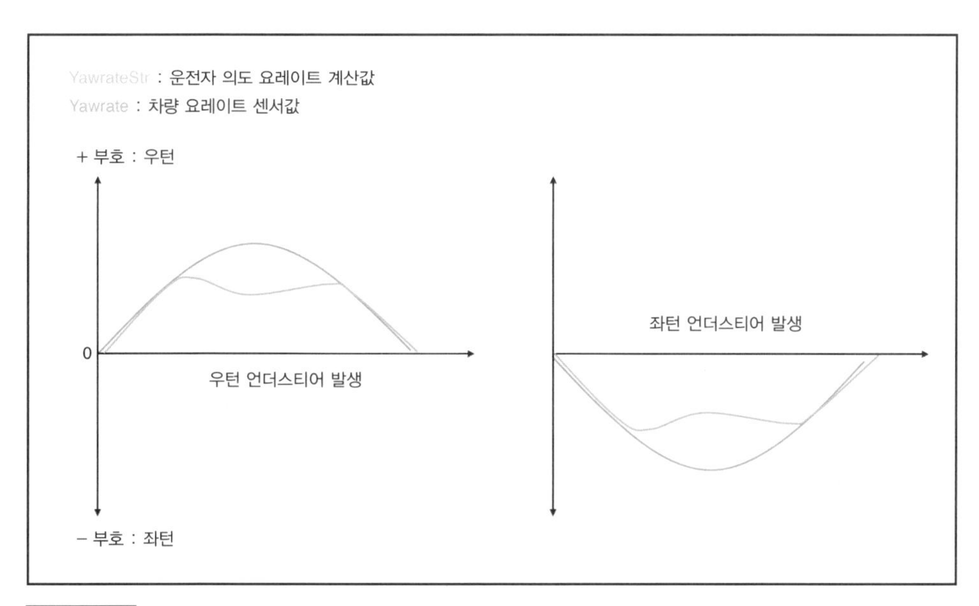

그림 3-38 언더스티어 발생 데이터 그래프 예시

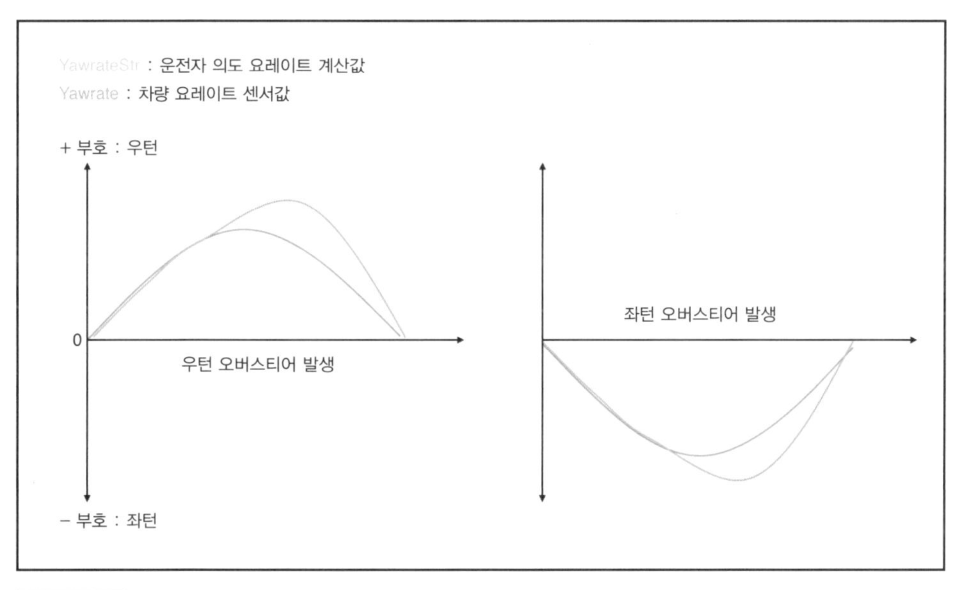

그림 3-39 오버스티어 발생 데이터 그래프 예시

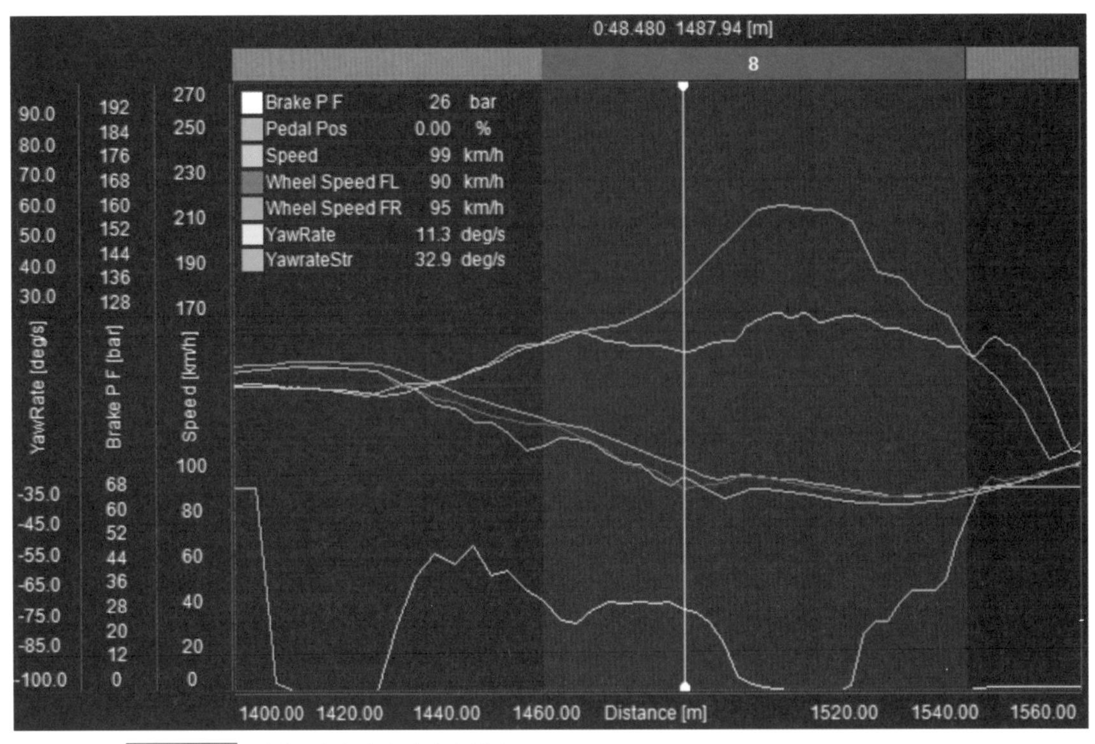

그림 3-40 언더스티어 발생 데이터 예시

위 데이터는 인제 8번 코너에서 언더스티어가 발생한 데이터이다.

운전자의 브레이크 시점이 레퍼런스 데이터 대비 20m 가량 늦고, 이로 인해 과진입한 운전자가 뒤늦게 다시 추가로 브레이크 압력을 높이는 것을 볼 수 있다.

운전자 턴인 초반에는 차량 회두(Yawrate)가 운전자 의도(YawrateStr 하늘색)를 따라가지만, 운전자 브레이크 압력이 다시 높아지는 부분부터, 운전자 스티어링은 커지는 것 대비 실제 차량 요레이트값은 오히려 감소하는 것을 볼 수 있다. 흰색 커서 부분에서 요레이트값이 최하점으로 운전자가 느끼는 언더스티어는 가장 크다.

과진입한 운전자는 제동을 길게 이어가게 되고, 코너 진입 이후 언더스티어를 감지하여 스티어링 앵글을 평소보다 더 키우지만, 전륜 그립이 제동에 의해 이미 한계를 넘어간 상태이기 때문에 언더스티어는 쉽사리 잡히지 않는다. 요레이트값이 커서 부분까지 계속 감소하는 것을 볼 수 있다.

커서 지점 이후에 운전자가 제동량을 감소하고, 하중이 가장 많이 실리는 Front Left 휠 속도가 회복되면서 그립이 살아남과 함께 요레이트값이 상승되는 것을 볼 수 있다.

제동 압력이 0 bar까지 완전히 빠진 지점에서 요레이트값은 최대값을 가지고, 동시에 운전자는 언더스티어가 해소됨을 느끼고 스티어링을 더 이상 증가시키지 않는다.

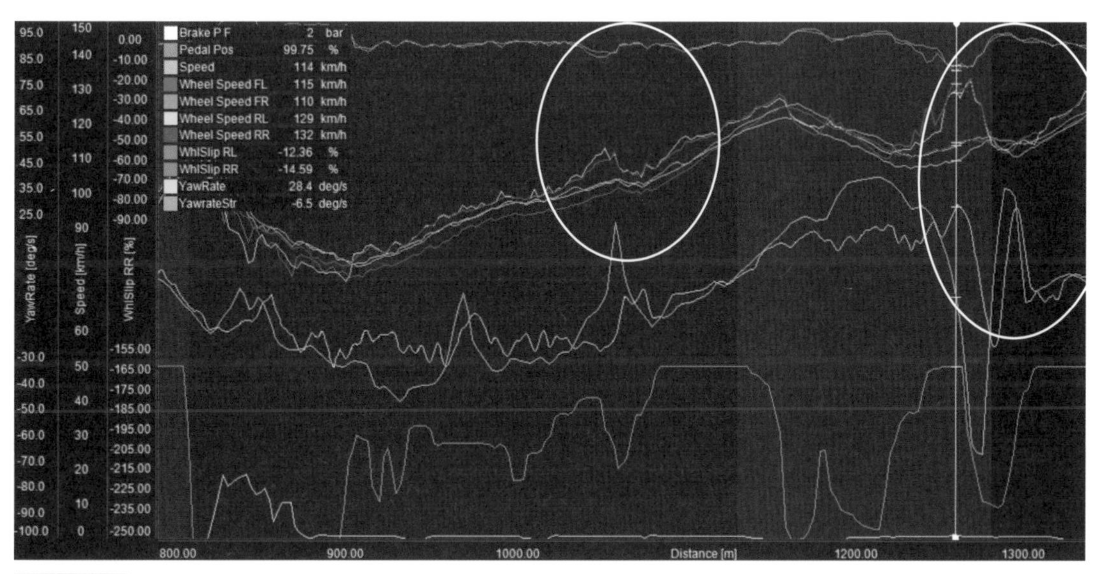

그림 3-41 오버스티어 발생 데이터 예시

위 데이터는 후륜 구동 차량으로 인제 5번, 6번, 7번 코너를 주행한 데이터이다.

흰색으로 표시된 6번 코너 APEX 지나는 시점, 7번 코너 APEX 지나는 시점에서 큰 가속 휠슬립률 발생과 함께, 오버스티어가 발생하는 것을 볼 수 있다.

6번 코너는 정뱅크로 진입했다가 APEX 지점부터 뱅크각이 없어지는 코너이고, 7번 코너의 경우 오르막으로 진입했다가 APEX에 가까워질 때부터 경사가 줄어들고 동시에 역뱅크각이 커지는 코너이다.

이와 같이 뱅크각 전환 구간, 경사 전환 구간의 경우 하중 이동이 발생하며 차량 안정성이 저하되는 구간이다. 두 구간 모두 선회 내측 휠의 하중이 감소되는 구간이고, 하중이 안정화 되지 않은 상태에서의 과도한 가속 페달 인풋은 급격한 휠 스핀을 초래한다.

후륜 휠의 과대한 휠슬립률은 후륜 횡그립 상실을 의미하고, 이로 인해 오버스티어가 발생하는 것을 요레이트 데이터를 통해 확인할 수 있다. 운전자가 과도한 차량 회두를 감지하고, 스티어링을 줄였지만(YawrateStr 하늘색 감소) 차량 요레이트( )는 더 커지는 것을 볼 수 있다.

운전자가 스티어링 앵글을 줄이는 것으로 오버스티어가 잡히지 않자, 운전자는 반대방향 카운터 스티어 조작과 함께 스로틀을 놓아 구동휠의 슬립률을 줄임으로써 오버스티어를 극복하는 것을 볼 수 있다.

이렇게 발생한 과대한 오버스티어는 모두 랩타임 손실로 찾아온다. 특히 두번째 7번 코너에서의 오버스티어 발생의 경우 카운터스티어 과정에서 차량 요레이트값이 스윙하며 요동칠 정도로 크게 발생하는데, 이럴 경우 극심한 랩타임 손실이 발생한다. 해당 구간에서 의식적으로 보다 조심스럽게 가속 페달 전개하며 후륜 횡그립을 잃지 않도록 해야 한다.

(3) ESC(Electronic Stability Control)

ESC는 Electronic Stability Control의 약자로 국내에는 차체 자세 제

어장치로 많이 알려져 있다. 제조사에 따라 DSC, VDC, VSC, ESP 등으로도 불린다.

ABS/TCS 기능이 휠슬립률 제어기였다면, ESC는 차량 요레이트(Yaw rate) 제어기이다. 오버스티어, 언더스티어 발생시 브레이크 유압 제어를 통해 이를 완화시키는 기능이다.

운전자 조향 의도 대비 차량 발생 요레이트 데이터를 확인하여, 오버스티어/언더스티어를 판별하고, **오버스티어 상황**에서는 전륜 선회 외측 휠 브레이크 제어, 언더스티어 상황에서는 후륜 선회 내측 휠 브레이크 제어가 이뤄진다.

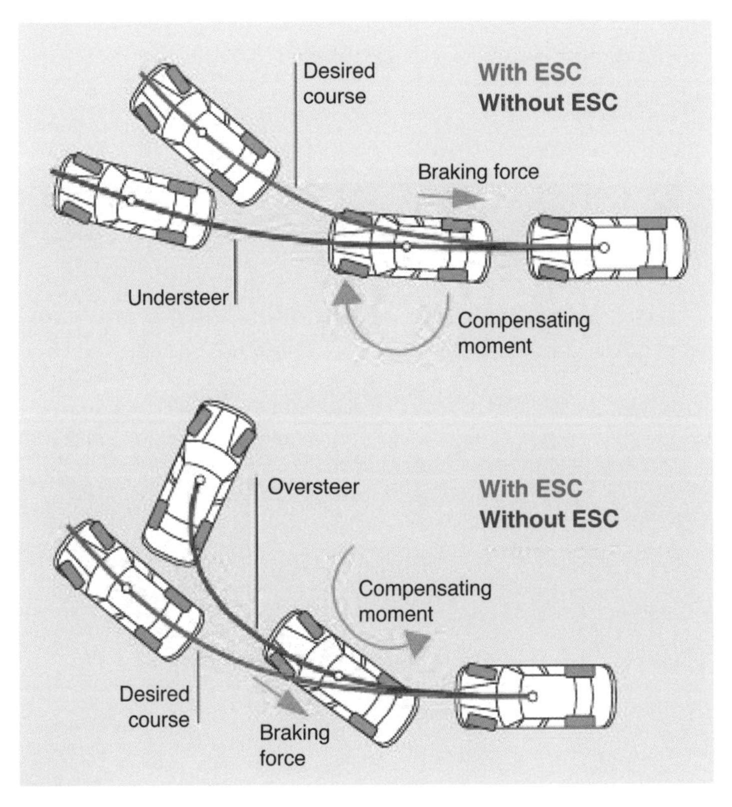

그림 3-42 ESC 장치의 개별 브레이크 제어를 통해 Yaw Moment를 생성하는 모습

양산 스포츠카에서는 보통 ESC 개발 시, 드라이브 모드별로 브레이크 제어 개입 시점과 개입량을 다르게 설정한다.

스포츠 모드, 서킷 주행 모드에서는 일반 주행 모드 대비 오버스티어 제어의 늦은 개입과 보다 작은 제어량을 통해 다이나믹한 주행감을 만들어준다. 서킷 주행 시 발생하는 약간의 오버오버스티어는 허용시켜 더 빠른 랩타임을 기록할 수 있도록 도와준다.(언더스티어 제어의 경우 서킷 주행 모드에서 차량의 더 나은 회두성을 위해, 오히려 더 제어량을 강하게 만들기도 한다.)

ABS/TCS 기능과 마찬가지로, 잘 개발된 서킷주행 목적의 ESC 기능의 경우 ESC OFF 대비, 더 나은 레이스 결과를 만들 수 있다. 드라이버 실수를 방지하고, 매 코너에서 뉴트럴스티어에 가깝게 네 바퀴의 타이어 한계를 보다 더 끌어내어 준다.

그림 3-43 포르쉐 911(992) GT3 RS 차량의 ESC 개입량 조절 다이얼

6. GPS 데이터와 영상 데이터를 이용한 주행 라인 분석

(1) 기본적인 주행 라인

차량의 세팅(타이어 그립, 다운포스 세팅)에 맞게 차량의 최대 코너링 성능은 정해지고, 이것이 최대 횡가속도 값으로 나타난다. 주어진 최대 횡G값 내에서, 코너링 속도를 최대한으로 높이기 위해서는 기본적으로 코너 반경을 가장 크게 가져가는 주행 라인을 선택하여야 한다.

선회 반경을 크게 가져가는 가장 기본적인 주행 라인 법칙이 앞에서 언급했던 Out-In-Out이다. 그리고 이때 In 지점(코너 주행 라인의 가장 안쪽 지점)을 APEX 또는 CP(Clipping Point)라 부른다.

이번 장에서는 대표적인 주행 라인에 대해 소개해 본다.

① Geometric APEX 주행 라인 (Mid-Corner APEX)

기하학적으로 코너의 형태상으로 선회 반경을 최대로 가져갈 수 있는 가장 기본적인 주행 라인이다.

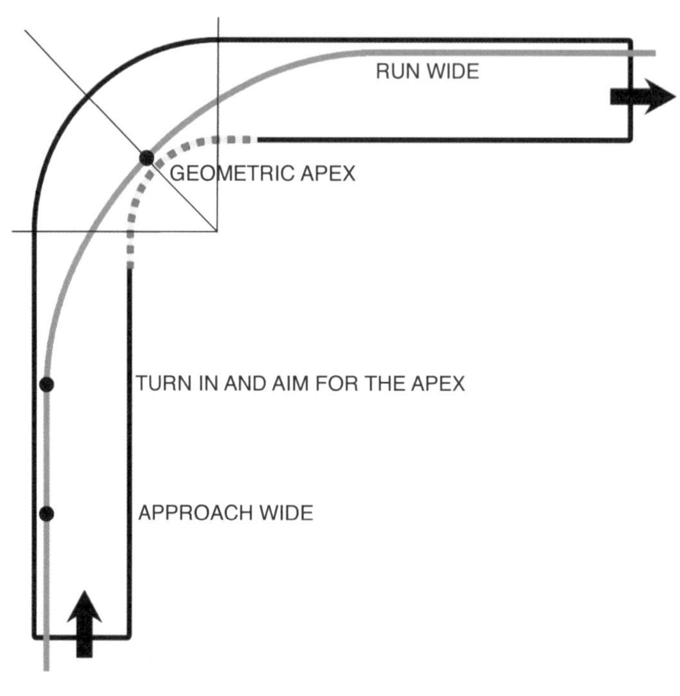

그림 3-44 Geometric APEX 주행 라인

② Late APEX 주행 라인

Geometric APEX Line에 비해 APEX 지점이 조금 더 늦고 코너 깊숙하게 위치한다. 실제 주행 라인으로 가장 많이 사용하는 레이싱 라인이다.

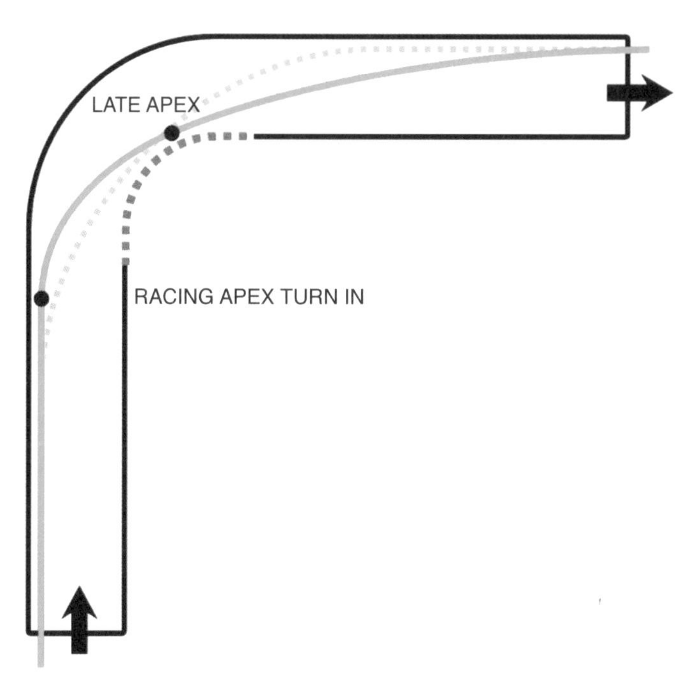

그림 3-45 Late APEX 주행 라인 그림

① Late APEX 주행 라인의 장점

첫째로, 턴인 시점이 조금 늦는 만큼 제동 시작 시점도 약간 늦게 되어 코너 진입 전 직진 구간에서 랩타임 이득이 있다.
둘째로, 코너 탈출 시 지오메트릭 라인에 비해 직진 구간이 열리는 시점이 빠르기 때문에 그만큼 더 빠르게 스로틀 전개를 시작할 수 있고 가속에 유리하다. 코너 이후 긴 직진 구간이 있는 경우 또는 고출력 차량의 경우 Late APEX 라인이 선호된다.

② Late APEX 주행 라인의 단점

턴인 시점부터 APEX 전까지의 구간에서 지오메트릭 라인에 비해 선회 반경이 더 타이트해져 코너링 최저 속도를 비교할 경우 Late APEX 라인이 더 낮다. 가속력이 좋지 않은 차량에서는 속도 탄력을 잃어 오히려 랩타임 손실을 볼 수 있다.

③ Double APEX 주행 라인

한 개 코너에서 두 개의 APEX를 활용하는 레이싱 라인 주행 방법이다.

R값이 큰 헤어핀 코너, 코너 반경이 점점 작아지며 깊어지는 코너 등에 활용할 수 있는 주행 라인이다.

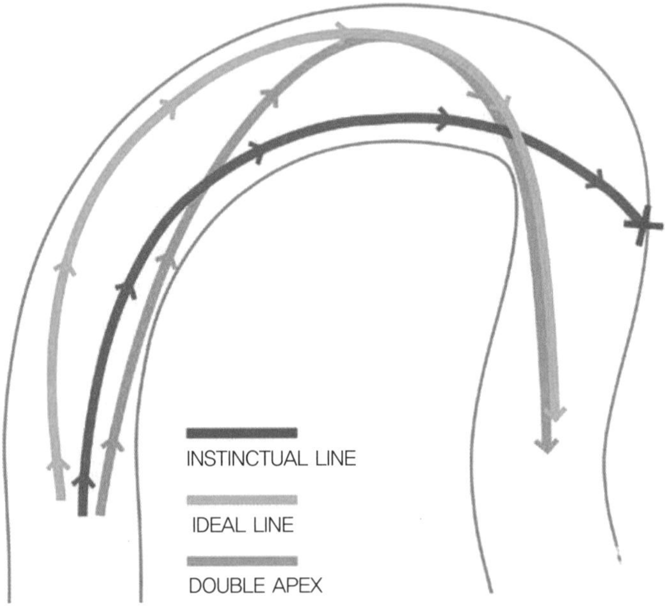

INSTINCTUAL LINE
IDEAL LINE
DOUBLE APEX

그림 3-46 Double APEX 주행 라인과 다른 주행 라인들 과의 비교

Double APEX 라인 주행 시 특이점으로, 제동 시작 전 스티어링을 먼저 살짝 틀어 첫번째 APEX 방향으로 차량을 직진 정렬한 뒤, 코너의 가장 깊은 구간을 바라보며 풀브레이킹을 하는 것이다.

이후 코너 가장 깊은 곳에서 트레일 브레이킹을 활용하여 차량을 회전시키고, 두번째 APEX를 바라보며 코너 탈출을 이어간다.

코너를 들어가면서 제동할 수 있기 때문에, 제동 시점을 늦출 수 있고,

다른 라인들에 비해 회전 반경을 줄이는 효과 또한 있다.

인제 서킷 1, 2, 3번 코너, 라구나 세카 2번 헤어핀 코너, 스즈카 서킷 1, 2번 코너 등이 대표적인 Double APEX 라인을 활용하는 코너이다.

④ 코너 우선 순위와 연속 코너

여러 개의 코너가 연속적으로 이어지는 복합 코너에서는 모든 코너에 대해 Out-In-Out을 적용할 수 없다. 라인을 적절히 타협하거나, 코너 중요도 우선 순위에 따라 어떤 코너는 희생되어야 한다.

코너의 우선 순위

① 가장 중요한 코너는 직선구간 바로 직전의 코너이다.
② 고속 코너가 저속 코너보다 높은 우선 순위를 가진다.
③ 3개 이상의 코너가 연속되는 경우 보통 가운데 낀 코너를 희생시킨다.

직선 구간 바로 직전의 코너에서 얼마나 빨리 가속을 가져가는지가 이어지는 직선 구간에서 최고속을 얼마나 오랫동안 가져갈 수 있을지 좌우한다. 이 코너에서의 탈출 가속을 얼마나 잘 하느냐가 랩타임에 가장 큰 영향을 주게 된다. 이것이 직선구간 직전 코너가 중요한 이유이다.

일반적으로 Late APEX 주행 라인과 같이 조금이라도 빨리 가속할 수 있는 라인을 선택한다.

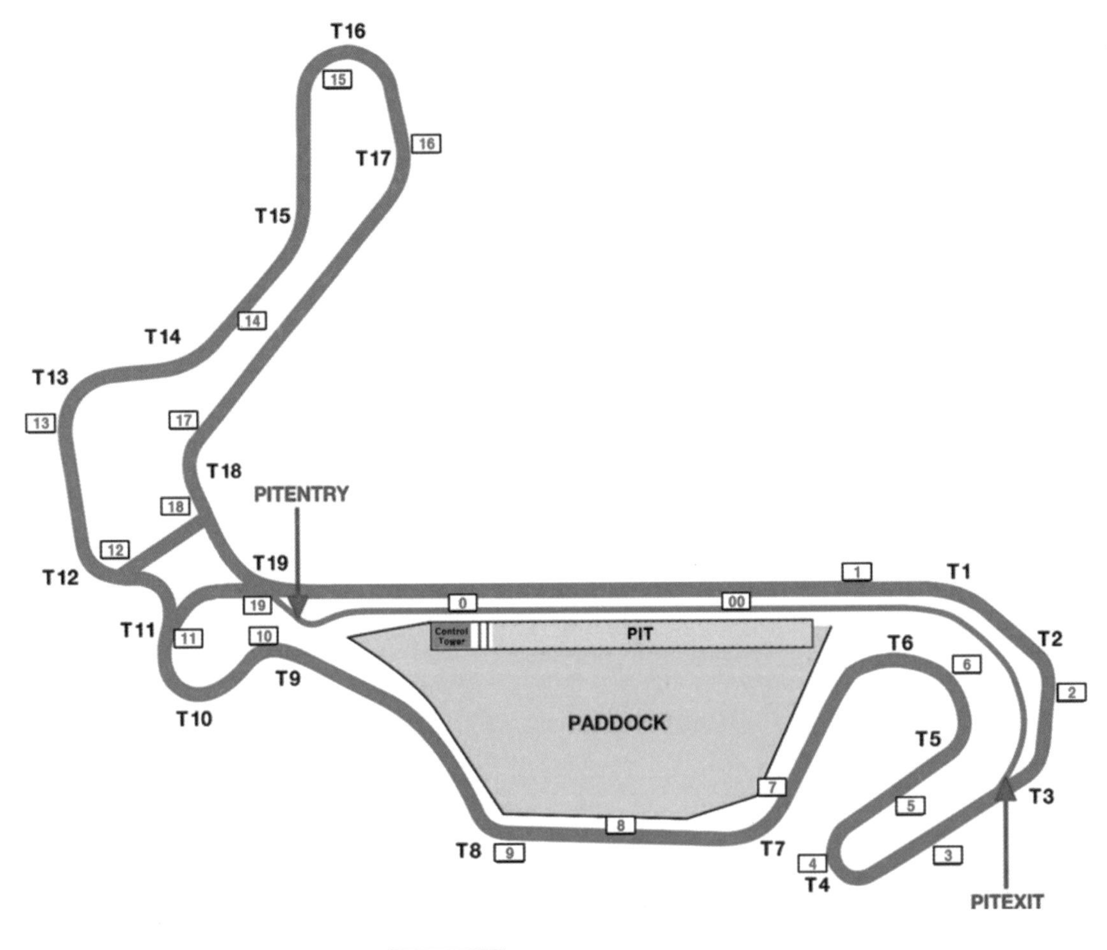

그림 3-47 인제 서킷의 코너 번호

인제 서킷의 마지막 코너인 18, 19번 코너가 여기에 해당한다. 코너 탈출부가 보이지 않는 블라인드 코너에 역뱅크각이 있는 코너이기 때문에 제대로 공략하기가 쉽지 않다.

이 코너에서의 실수는 이어지는 직선 구간에서의 속도 손실로 이어지고, 큰 랩타임 손실로 이어진다.

고속 코너가 저속 코너보다 더 높은 우선 순위를 가진다. 고속 코너의 좋은 공략이 훨씬 더 랩타임에 큰 영향을 준다. 저속 코너의 약간의 실수는 빠른 재가속을 통해 만회할 수 있지만, 고속 코너에서의 실수는 큰 랩타임 손실로 바로 이어진다.

고속 코너에서는 차량의 적절한 공기역학 세팅과 드라이버의 담력이 중요하다.

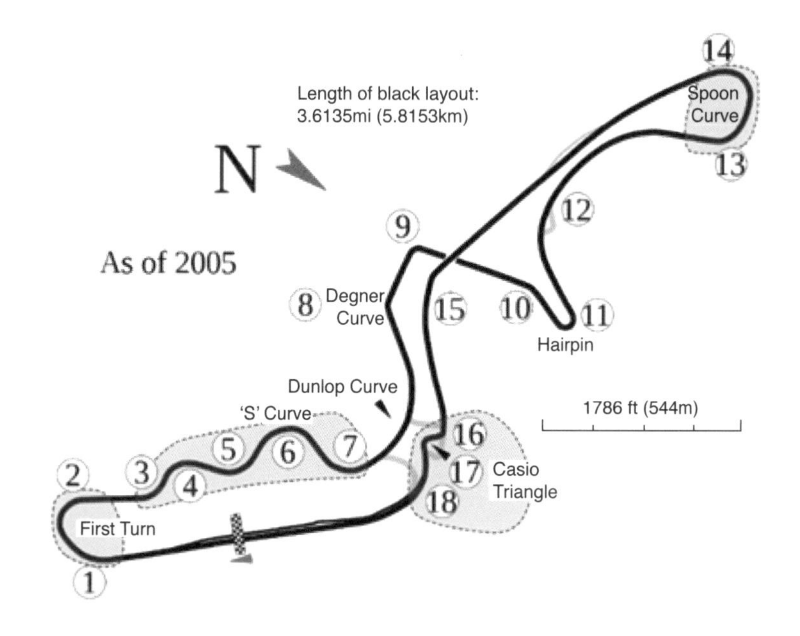

그림 3-48 스즈카 서킷

스즈카 서킷의 130R 코너(15번 코너)가 대표적인 고속 코너이다. F1의 경우 이 코너를 300 km/h 이상으로 공략 가능하다.

좌코너 우코너가 연속되는 복합 코너의 경우, 모든 코너에서 Out-In-Out 라인을 가져갈 수 없다. 앞선 코너에서 Out 라인으로 코너 탈출했다면, 이어지는 다음 코너의 진입을 자연스럽게 In에서 시작할 수밖에 없다.

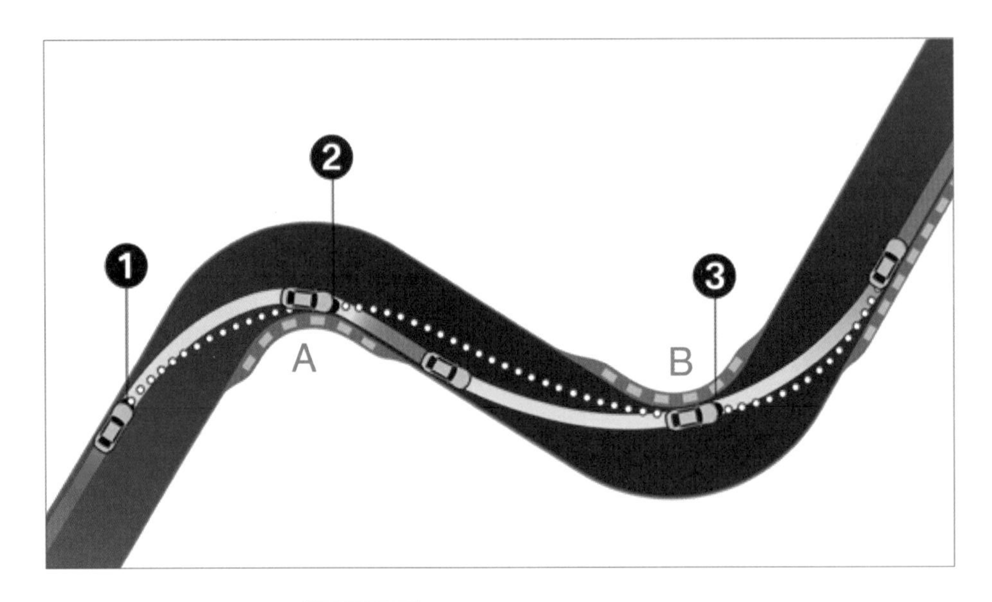

그림 3-49 복합 코너에서의 레이싱 라인

위 그림과 같이 두 개 코너가 연속된 복합 코너일 경우, 역시 두번째 코너의 우선순위가 높다. 두번째 코너 이후 직선 구간에서의 가속을 빠르게 가져가는 것이 랩타임에 유리하기 때문이다.

따라서 첫 번째 코너를 희생시켜, Out-In-Middle 또는 Out-In-In으로 주행하며 두번째 코너의 라인을 최대한 크게 가져가도록 공략하는 것이 일반적이다. (첫 번째 코너 탈출을 Middle로 선택할지 In으로 선택할지는 차량의 성격에 따라 달라질 수 있다.)

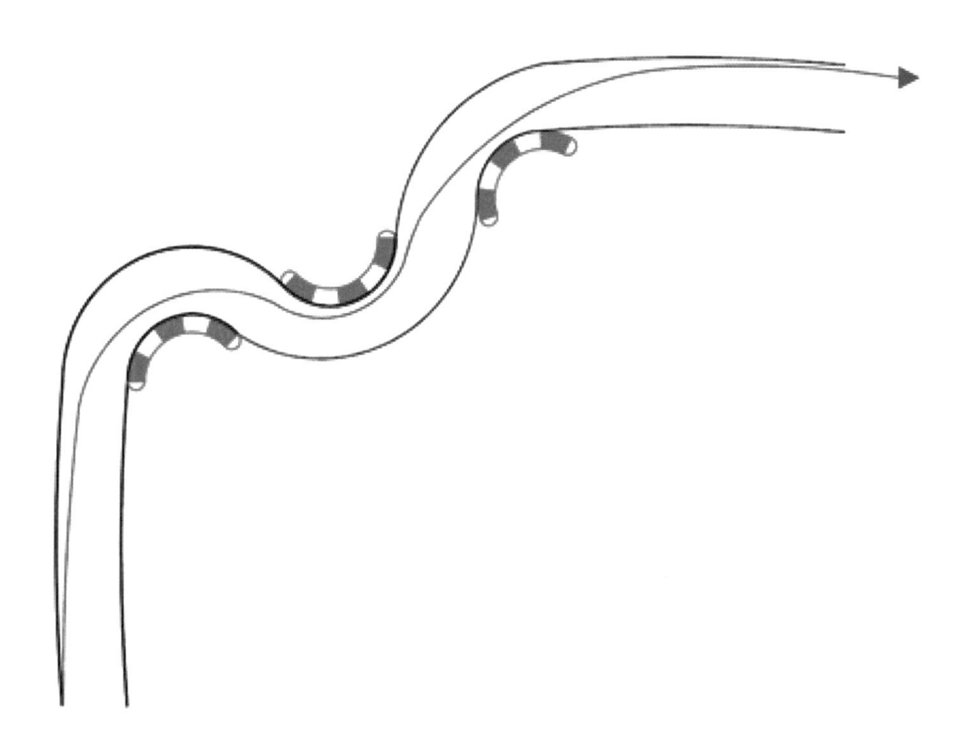

그림 3-50 세 개의 코너가 연속된 복합 코너에서의 주행 라인

위와 같이 3개 코너가 연속된 복합 코너에서는 일반적으로 가운데 낀 두번째 코너를 확실히 희생시킨다. **첫번째 코너는 Out-In-Middle, 두번째 코너는 Middle-In-In, 세번째 코너는 Out-In-Out 라인**으로 주행할 수 있다.

이와 같이 코너 우선 순위에 따라 라인을 일부 타협하여 랩타임에 가장 이득이 되는 주행 라인을 선택할 수 있다.

(2) GPS 데이터를 이용한 주행 라인 분석

GPS 데이터 로거의 경우, 계측한 GPS 데이터를 이용하여 트랙 위에 주행 라인을 표시할 수 있다. 대략적인 주행 라인을 비교할 때, 직관적으로 주행 라인을 직접 볼 수 있기 때문에 꽤 유용하게 쓰인다.

그림 3-51 구글맵 위에 표시된 두 개의 주행 라인

하지만 GPS 위치에 대한 오차가 있다는 점을 참고하여 분석하여야 한다. GPS 상대 위치의 경우 가속도 센서를 이용하여 보정을 하기 때문에 정확도가 아주 높지만, 절대적인 위치의 경우 꽤 오차가 크다. (약 1~2m

수준)

같은 날에 계측된 데이터가 아니라면, 이러한 위치 오차로 인해 GPS 주행 라인 비교가 힘들 수 있다.

(3) 영상 데이터를 통한 주행 라인 분석

대부분의 데이터 로거 제품에서 카메라 장치와 동기화하여 영상 데이터 계측을 지원하고 있는 추세이다. 보통 **차량 전방**과, **운전석**이 같이 나오도록 **주행 영상을 촬영**하는 것이 일반적이다.

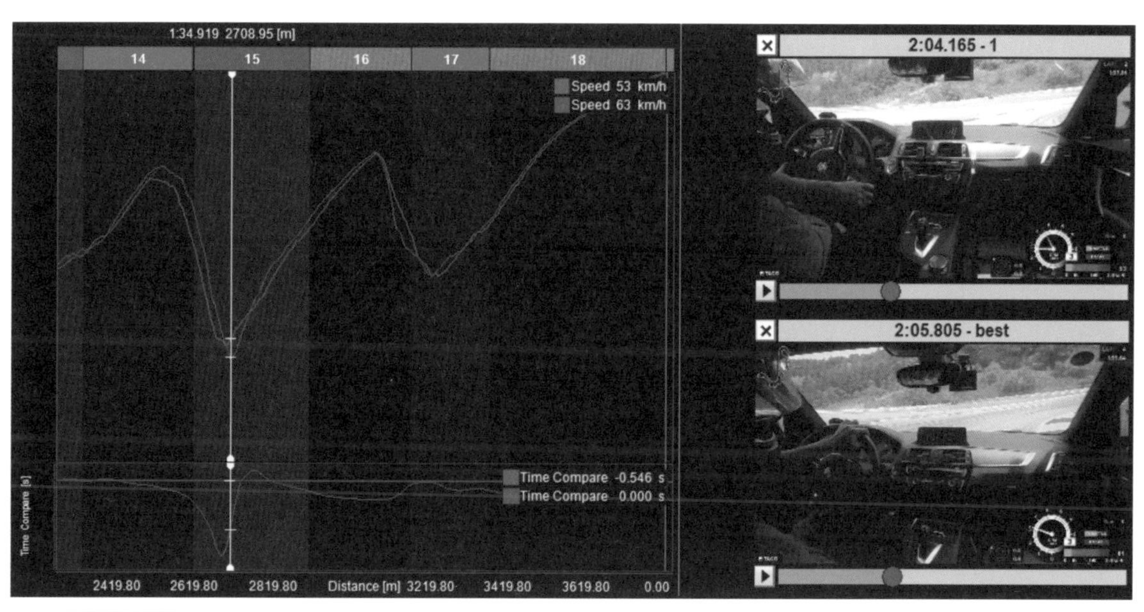

그림 3-52 주행 데이터와 싱크된 영상 비교 화면

영상 데이터는 트랙에서 주행하면서 드라이버에게 정확히 어떤 일이 벌어지고 있는지 가장 직관적으로 알 수 있게 해준다.

전방 차량의 위치, 연석을 얼마나 밟았는지, 정확히 어떤 주행 라인을 타고 있는지, 운전자 시선은 어디로 향하고 있는지, 주행 중 차량 내부의 소리 등 데이터 로거의 데이터만으로는 알 수 없는 다양한 정보를 제공해준다.

이를 이용하여, 정확한 주행 라인을 파악할 수 있고, 데이터 로거 데이터로 확인할 수 없었던 차량 주변 상황까지 파악이 가능하다.

그림 3-52는 인제 16번 헤어핀 주행 장면으로, 빨간색 영상의 주행 라인이 많이 부푼 것을 확인할 수 있다.

04 레이싱 데이터를 활용한 핸들링 밸런스 튜닝

1. 핸들링 밸런스 (Handling Balance)

핸들링 밸런스(Handling Balance)는 코너링 시, 전륜과 후륜의 미끄러지는 비율이다.

좋은 핸들링 밸런스란, 코너링 시 타이어 그립 한계에 도달했을 때, 앞뒤 타이어가 비슷한 속도로 동시에 미끄러지기 시작함을 의미한다. (뉴트럴 스티어)

반대로 나쁜 핸들링 밸런스란, 앞뒤 타이어 중 어느 한쪽이 빨리 그립 한계에 도달하여 미끄러지면서, 언더스티어 또는 오버스티어 경향이 강한 차량을 의미한다.

핸들링 밸런스는 변화가 적을수록 좋고, 변하더라도 드라이버가 대응할 수 있도록 그 정도가 완만하여야 한다.

핸들링 밸런스는 차량의 정말 많은 요소에 영향을 받는다. 전후륜 하중 배분, 구동 방식, 섀시 구조, 스프링, 댐퍼, 안티롤바, 타이어, 휠 얼라인먼트, 에어로파츠 등 차량을 구성하는 요소의 조합이 최종적인 핸들링 밸런스를 만들어 낸다.

그림 4-1 완벽한 밸런스를 강조하는 BMW 1M의 광고

2. 핸들링 밸런스 평가를 위한 코너 구분

핸들링 밸런스를 평가하기 위해 보통 **그림 4-2** 과 같이 코너를 구간별로 3개로 나눈다. 그리고 추가로 코너 속도(코너 반경)를 기준으로 저속, 중속, 고속 코너로 나눈다. 따라서 3x3 총 9개 구간으로 코너를 구분지어 평가한다.

차량 성능에 따라 같은 코너라도 모두 코너 속도가 달라지기 때문에 차량에 맞게 저속, 중속, 고속 코너를 적절히 구분하는 것을 추천한다. 고속 코너의 경우에는 에어로 파츠 영향을 확실히 받는 속도 영역으로 설정하는 것이 좋다. (최소 120 km/h 이상의 속도 영역)

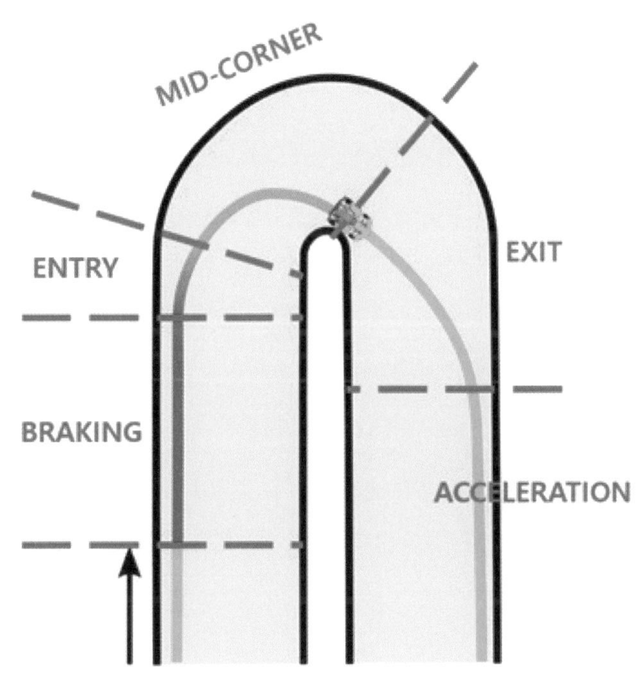

그림 4-2 코너 구분 (코너 진입, 미드코너, 코너 탈출)

미드 코너를 정상 상태 선회(서스펜션 움직임이 없는 일정한 선회)로 볼 수 있고, 코너 진입과 코너 탈출 상황을 과도 상태 선회(서스펜션 움직임이 있는 선회)로 볼 수 있다.

표 4-1 속도별 코너 구분

	코너 진입	미드 코너	코너 탈출
저속	저속 – 코너 진입	저속 – 미드 코너	저속 – 코너 탈출
중속	중속 – 코너 진입	중속 – 미드 코너	중속 – 코너 탈출
고속	고속 – 코너 진입	고속 – 미드 코너	고속 – 코너 탈출

3. 핸들링 밸런스 평가 방법

코너 구분별로 핸들링 밸런스 평가 방법에 대해 간단히 소개해 본다.

(1) 미드 코너(정상 상태) 핸들링 밸런스

Vch(특성 속도)값을 구하여 언더스티어 경향성의 정도를 파악할 수 있다. 튜닝 전 Vch 값과 튜닝 후 Vch값을 비교하여, 본인의 의도에 맞도록 정상 상태 핸들링 밸런스가 얼만큼 바뀌었는지 수치적으로 확인할 수 있다. (Vch 측정 방법은 3.5.1 참고)

정상 상태 선회에서 Vch 값이 작을수록 언더스티어 경향이 크고, Vch 값이 클수록 언더스티어 경향성이 작아짐을 의미한다.

일반적인 양산 패밀리카의 경우 Vch 값이 보통 25m/s 내외의 값을 가지고, 스포츠카 성향이 강한 차량의 경우 35m/s 내외의 값을 가진다.

(2) 코너 진입과 코너 탈출(과도 상태) 핸들링 밸런스

코너 진입 구간과 코너 탈출 구간에서 차량 요레이트값이 운전자 의도 요레이트 계산 값을 얼마나 잘 추종하는지 확인한다.

코너 진입에서 운전자 스티어링 증가량에 알맞게 차량 요레이트값이 선형적으로 일정하게 상승하는지를 확인한다. 차량 요레이트 상승 기울기와 운전자 의도 요레이트 계산 값의 상승 기울기를 비교해 본다.

코너 탈출 시는 구동 방식에 따라 핸들링 밸런스에 얼마나 영향을 미치는지 확인한다.

후륜 구동 차량에서는 오버스티어로 인해 요레이트가 줄어들지 못하고 카운터 스티어가 필요한 상황이 만들어지지 않는지, 전륜 구동 차량에서는 코너 탈출 시 언더스티어로 인해 낮은 요레이트값이 유지되며 운전자가 스로틀을 중간에 떼는 상황이 생기지 않는지 등을 확인한다.

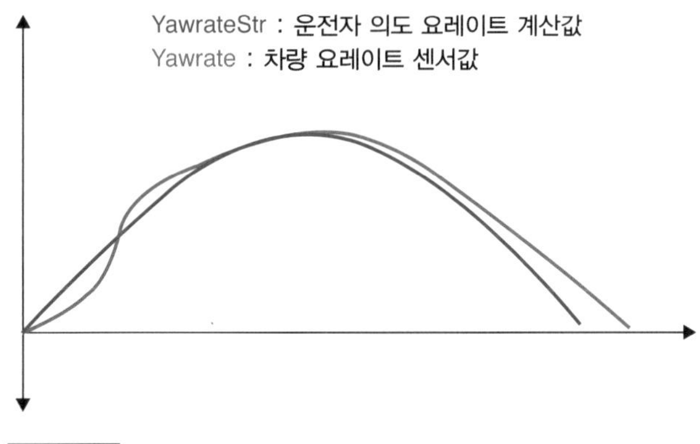

그림 4-3 코너 진입 시 차량 요레이트 상승이 선형적이지 못한 예

4. 메카니컬 밸런스(Mechanical Balance)

앞에서 언급했 듯 핸들링 밸런스는 전륜과 후륜의 상대적인 접지력 비율이다. 핸들링 밸런스 튜닝은 전륜 또는 후륜의 접지력을 증가시키거나 감소시켜 밸런스를 조절함을 의미한다.

하지만 핸들링 밸런스 튜닝을 위해 한쪽 축의 접지력을 극단적으로 감소시키는 튜닝은 지양해야 된다. 코너링 성능 전체가 저하될 수 있기 때문이다.

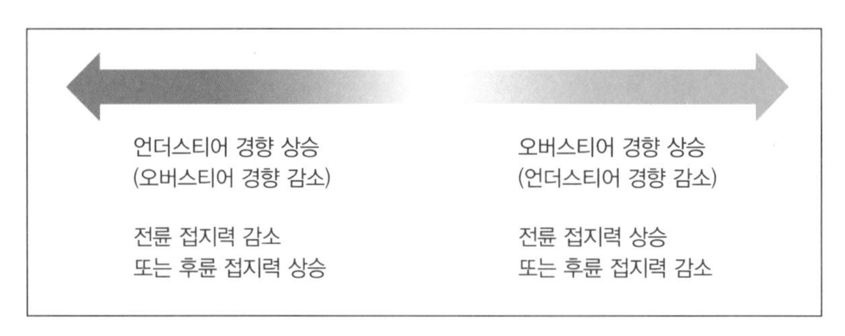

그림 4-4 전·후륜 접지력 변화에 따른 핸들링 밸런스 변화

전 · 후륜 서스펜션 파츠에 의한 핸들링 밸런스를 '메카니컬 밸런스(Mechanical Balance)'라 한다. 서스펜션 파츠 별로 메카니컬 밸런스가 어떻게 바뀌는지 소개해 본다.

(1) 타이어 공기압

타이어 공기압을 낮출수록 타이어 컨택패치가 넓어지고 접지력은 증가한다.

언더스티어 경향이 심할 경우, 전륜 타이어 공기압을 낮추거나 후륜 타이어 공기압을 높임으로써 언더스티어 경향성을 완화시킬 수 있다.

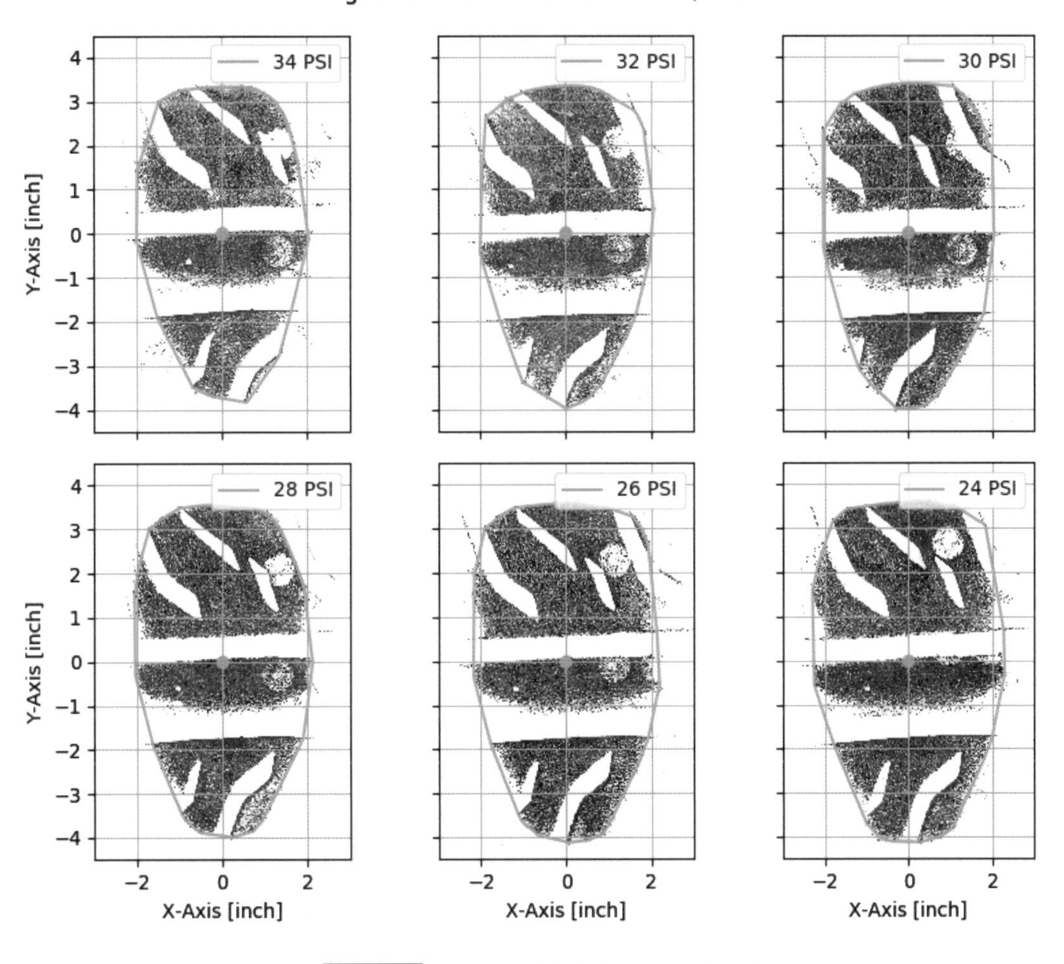

그림 4-5 타이어 공기압별 컨택패치 면적 크기

하지만 타이어 공기압이 과도하게 낮으면 타이어 마모를 증가시키고 갑작스러운 스트레스에 타이어 파열 가능성도 높아진다. 반대로 공기압이 과도하게 높으면 타이어 접지력이 낮아져 코너링 성능이 저하된다.

타이어 공기압은 적정 타이어 온도에서 최대 접지력을 가질 수 있는 공기압에서 크게 변동이 없도록 유지하고, 핸들링 밸런스는 다른 인자를 통해 튜닝하는 것을 보통 추천한다.

타이어 폭이 커질수록 횡방향 그립이 상승하는 효과를 이용해서, 핸들링 밸런스를 튜닝할 수도 있다. 포르쉐, BMW의 후륜 구동 차량에서 보통 후륜 폭이 넓은 타이어를 채택하여 밸런스를 맞춘 것을 볼 수 있다.

(2) 캠버(Camber) 각도

코너링을 하게 되면 선회 바깥쪽 휠로 하중 이동과 함께 롤(Roll)이 일어난다.

이때 타이어 또한 롤이 일어나면서 컨택패치가 바깥쪽으로 쏠리게 되며 접지력 손실이 발생한다.

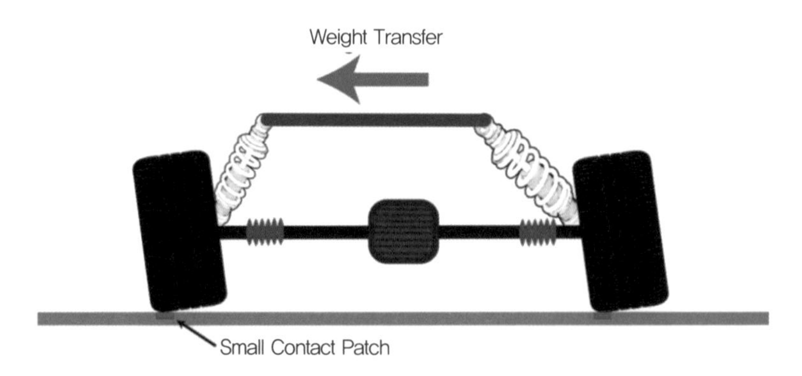

그림 4-6 제로 캠버각 세팅에서 선회 시 컨택패치

네거티브 캠버각을 주게 되면, 코너링 시 선회 바깥쪽 휠이 제로 캠버각 대비보다 수직으로 바로 서게 된다. 이로 인해 선회 외측 휠의 컨택패치가 타이어 중심부에 형성되고 제로 캠버각 대비 접지력이 상승하게 된다.

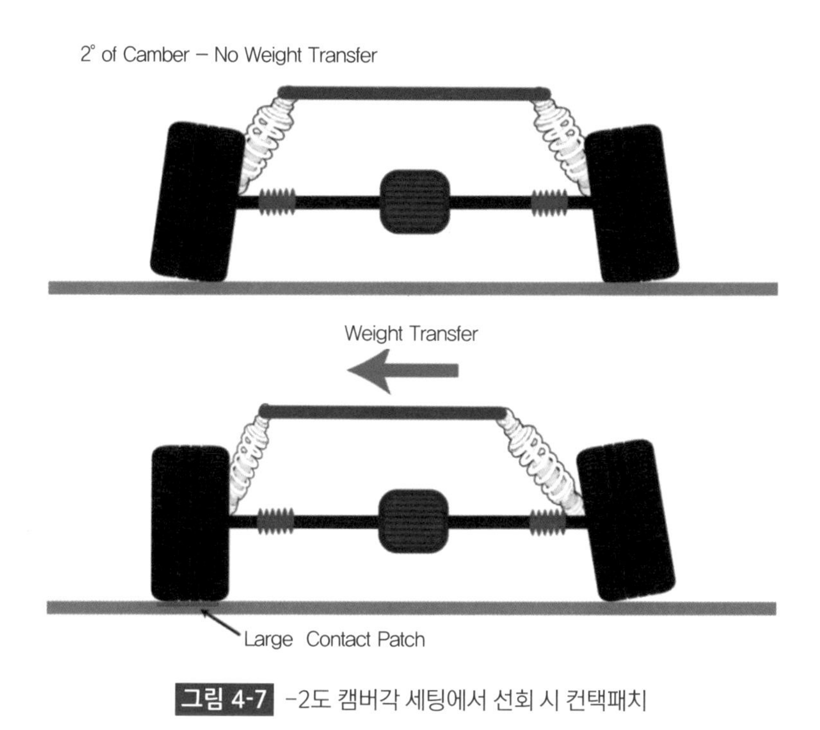

그림 4-7 -2도 캠버각 세팅에서 선회 시 컨택패치

하지만 캠버각이 커지게 되면 직진 상태에서는 손실을 보게 된다. 직진 상태에서 캠버각으로 인해 하중이 타이어 한쪽 모서리 쪽으로 쏠리게 되고, 이로 인해 접지력이 떨어지게 된다. 직진 가속, 직진 제동 시 제로 캠버각 대비 타이어 그립 손실이 발생하게 된다.

이와 같이 캠버각과 접지력 원리를 이용하여 핸들링 밸런스를 조절할 수 있다.

오버스티어 경향이 강한 차량에서 후륜 네거티브 캠버각 세팅을 통해 오버스티어 경향성을 완화시킬 수 있다. 하지만 위에서도 언급했 듯 직진 성능을 해치지 않는 선에서 코너링 접지력을 향상시킬 수 있는 적절한 캠버각 설정이 중요하다.

(3) 토(Toe) 각도

토인(Toe In)을 할수록 **직진성 향상**, **반-터닝**(Anti-Turning) **경향**을 가지게 되고, **토아웃**(Toe Out)을 할수록 **회전이 더 쉬워지고 터닝 경향성**이 커지게 된다.

차량 선회 시, 선회 안쪽 바퀴의 조향각이 바깥쪽 휠보다 커야 선회가 수월하게 되는데, 토아웃은 선회 외측 휠 각도를 줄이고, 선회 내측 휠 각도를 더 키워 선회를 보다 용이하게 만들어 준다.

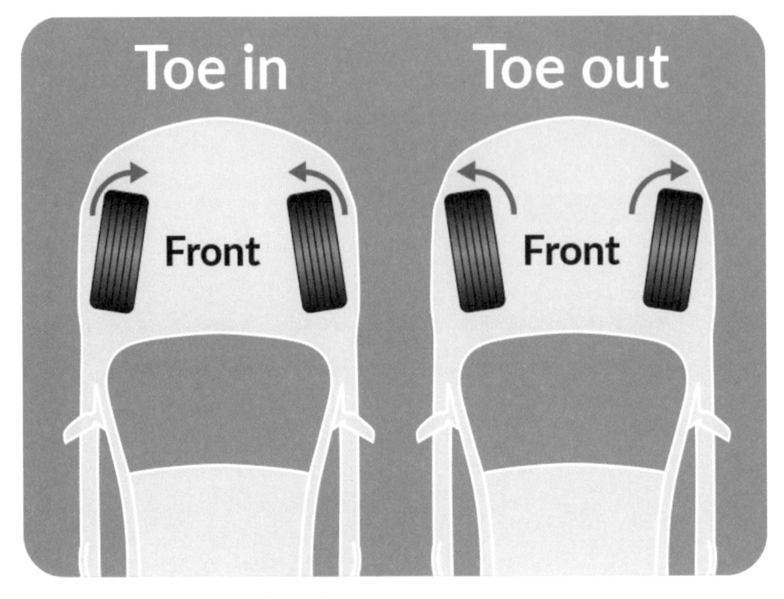

그림 4-8 토인과 토아웃

이와 같은 토각과 선회 경향성의 원리를 이용하여 핸들링 밸런스를 조절할 수 있다.

특히 후륜 구동 차량에서 코너 가속 탈출 시 오버스티어를 줄이는 목적으로 후륜 토인(Toe In) 세팅을 주로 가져간다. 가속 탈출 시에는 하중이 후륜으로 쏠리기 때문에 특히 후륜 토 각도 세팅이 핸들링에 주된 영향을 미치게 된다.

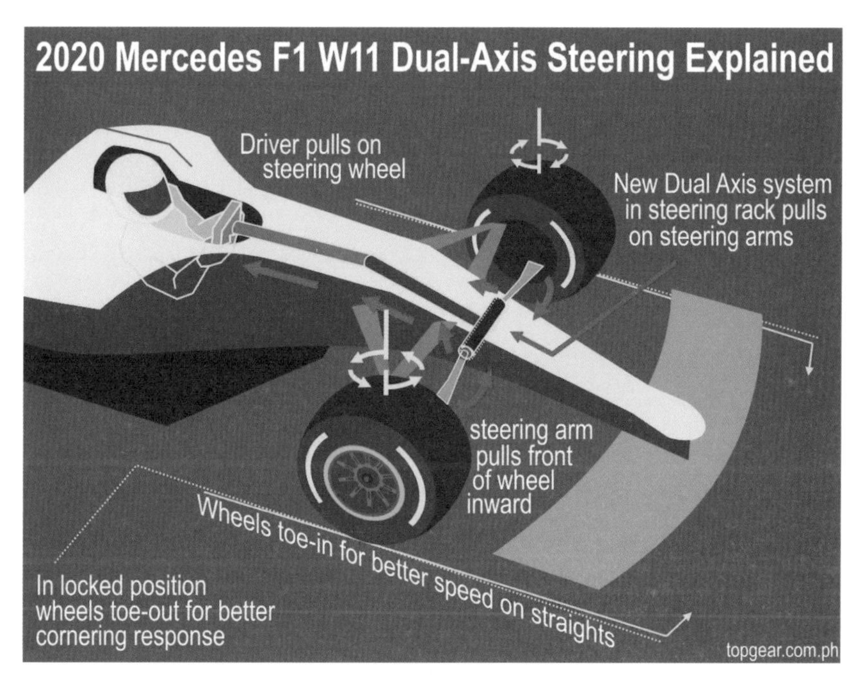

그림 4-9 토(Toe) 각도 세팅을 운전자가 직접 바꿀 수 있었던, 메르세데스 F1팀의 DAS 시스템

(4) 서스펜션 스프링

전 · 후륜의 서스펜션 스프링 강성에 따라서도 핸들링 밸런스가 바뀐다.

스프링 강성을 높이면 코너링 시 해당 축의 접지력은 떨어진다. 전륜 스프링 강성을 높이면 언더스티어 경향이 강해지고, 반대로 후륜 스프링 강성을 높이면 오버스티어 경향이 강해진다.

하지만 스프링 강성을 바꾸면서 핸들링 밸런스를 조절하는 것은 피하는 것이 좋다. 뒤에 나올 안티롤바 튜닝을 통해서 정상 상태 핸들링 밸런스를 튜닝할 수 있기 때문에, 서스펜션 스프링 튜닝은 아래 두 가지 스프링 본연의 기능에 집중하여 튜닝하는 것이 추천된다.

① 네 바퀴로 배분되는 하중과 고속 영역 다운포스까지 충분히 지탱할 수 있는지
② 낮은 지상고를 주행 중 차량 하부가 노면에 닿지 않게 적절히 유지할 수 있는지

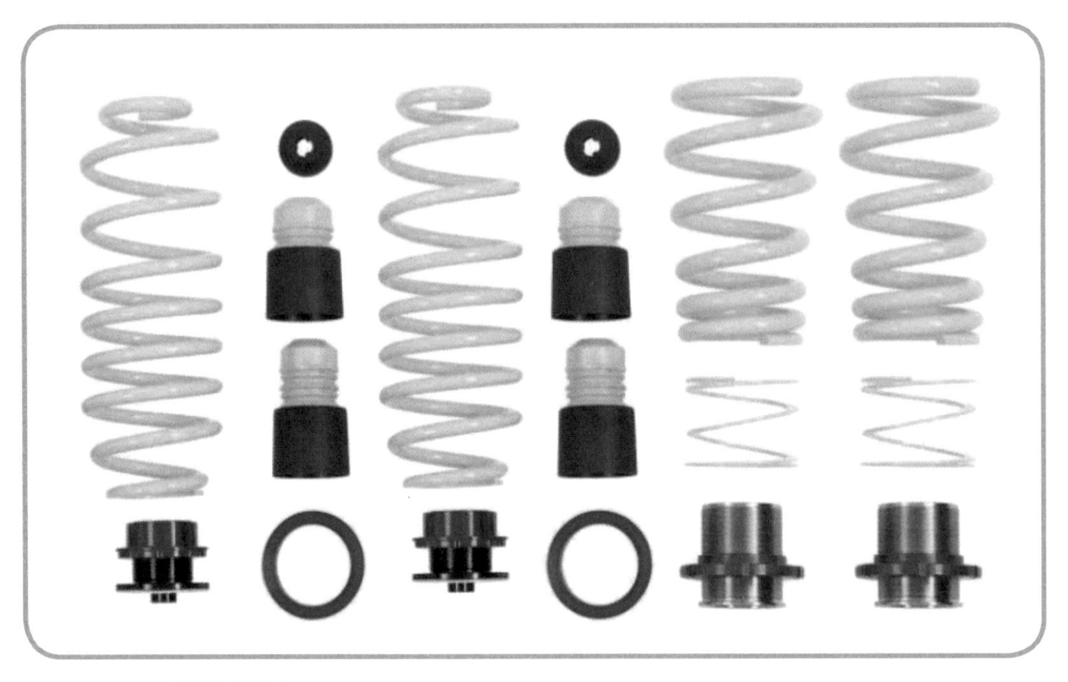

그림 4-10 지상고를 조절할 수 있는 스프링 튜닝 킷

(5) 안티롤바(Anti-Roll Bar)

안티롤바(스태빌라이저)는 좌우 휠의 비대칭 상하 이동을 구속하여, 롤 발생을 저감시키는 장치이다.

안티롤바는 토션 스프링으로, 차량 코너링 시에만 스프링 강도를 높여주는 장치로 생각할 수 있다. 직진 구간 서스펜션 성능에는 전혀 영향을 주지 않는다.

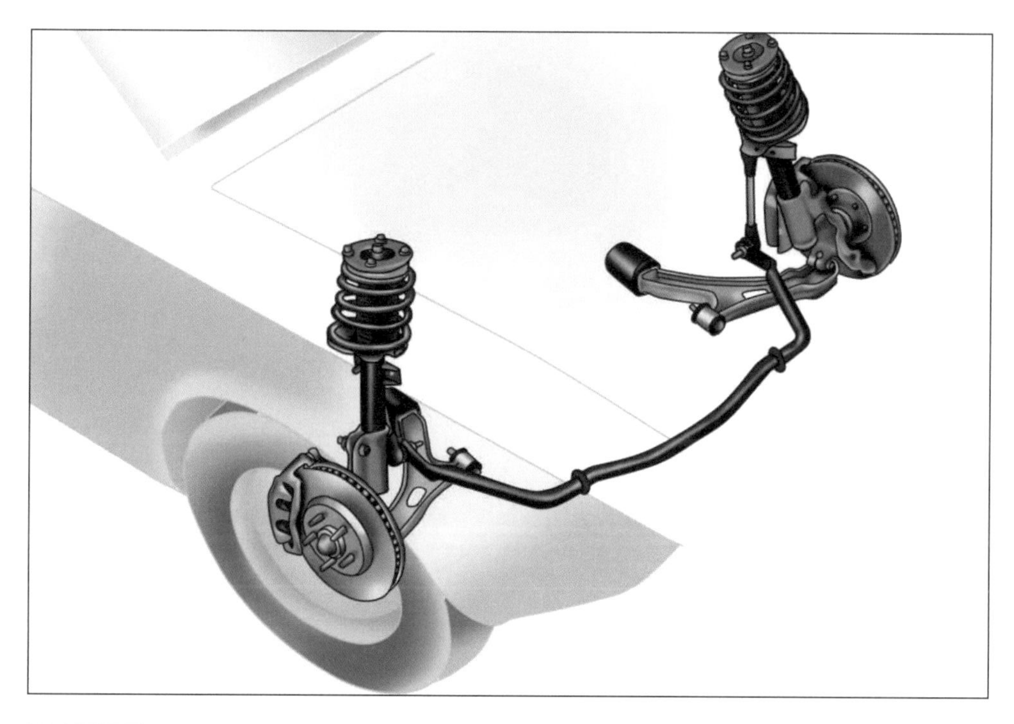

그림 4-11 안티롤바(스태빌라이저바)

안티롤바 튜닝은 미드 코너와 같은 정상 상태 핸들링 밸런스를 튜닝하는 가장 파워풀한 서스펜션 요소이다. (저속 – 미드 코너, 중속 – 미드 코너, 고속 – 미드 코너)

안티롤바 강성을 높이면, 해당 축의 접지력은 떨어진다.

전륜 안티롤바 강성을 키우면 언더스티어 경향이 커지고, 반대로 강성을 낮추면 오버스티어 경향이 커진다.

후륜 안티롤바 강성을 키우면 오버스티어 경향이 커지고, 반대로 강성을 낮추면 언더스티어 경향이 커진다.

(6) 댐퍼(Damper)

댐퍼(쇽업쇼버)는 서스펜션의 진동을 흡수하여 빠르게 정상 상태로 만들어주는 장치이다. 쇽업쇼버의 댐핑 힘은 서스펜션 상하 움직이는 속도에 비례하고, 댐핑이 클수록 과도 상태 움직임에 대한 저항력이 커지고, 정상 상태 도달이 빠르다.

댐핑이 너무 크다면, 노면 형상에 신속히 대응할 수 없고, 댐핑이 너무 작으면, 서스펜션 출렁임 때문에 접지력이 들쑥날쑥해져 핸들링 안정성을 해친다.

코너 진입, 코너 탈출과 같은 과도 상태 핸들링 밸런스를 튜닝할 수 있는 유용한 요소이다.

쇽업쇼버의 댐핑을 줄이면, 해당 축의 접지력은 좋아진다.

전륜 댐핑을 줄이면, 언더스티어 경향성을 줄일 수 있고, 후륜 댐핑을 줄이면, 오버스티어 경향성을 줄일 수 있다.

그림 4-12 KW 4 way 쇽업쇼버 킷

5. 에어로 밸런스(Aero Balance)

에어로 파츠에 의한 **전후륜 다운포스 크기의 비율**을 에어로 밸런스(Aero Balance)라고 한다. 150kph 이상의 고속 코너에서는 에어로 밸런스가 곧 핸들링 밸런스가 된다.

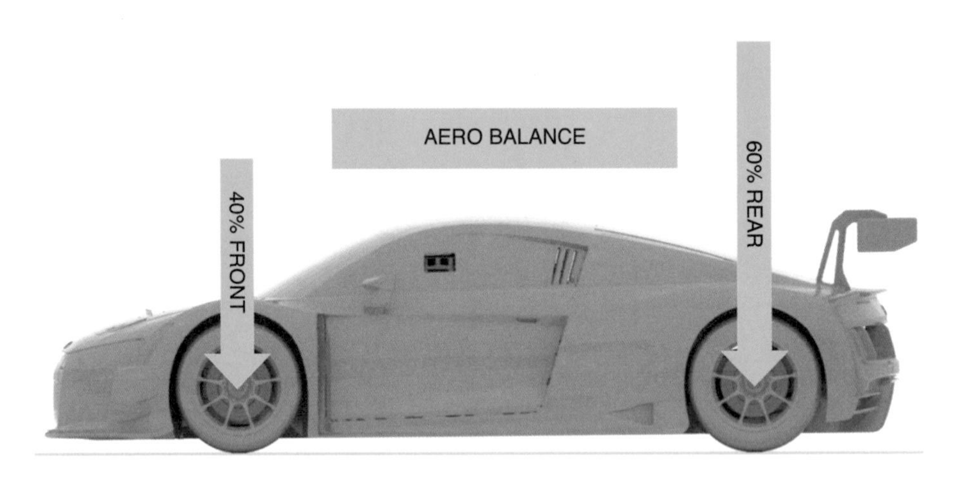

그림 4-13 전후륜 40:60의 에어로 밸런스 차량

(1) 지상고(Ride Height)

지상고는 차체 바닥과 노면 사이의 거리이다.

지상고를 조정하게 되면 **지면 효과**(Ground Effect) 영향성이 달라지고 이로 인해 해당 축의 다운포스 크기가 달라진다.

지상고가 낮을수록 다운포스가 커지고 이로 인해 접지력이 올라가게 된다.

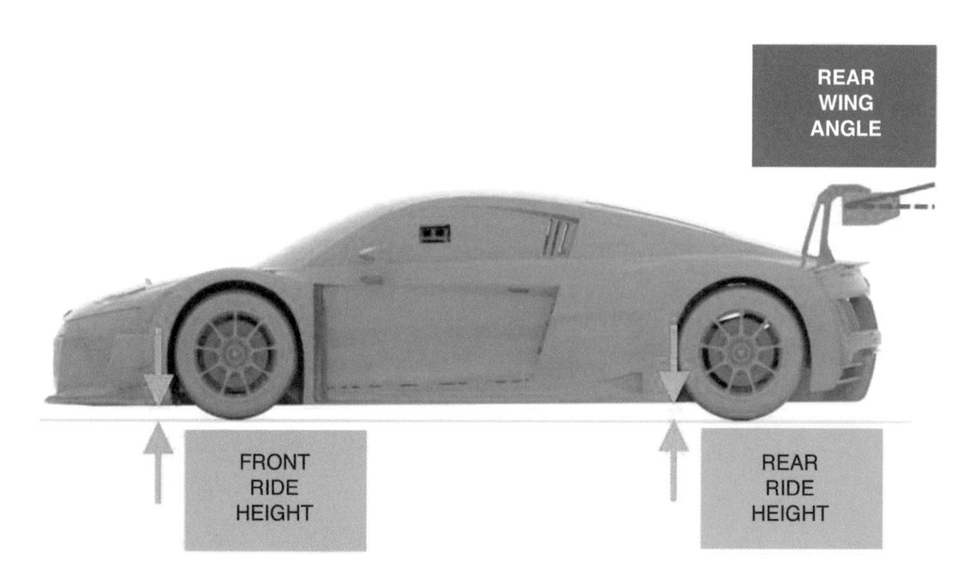

그림 4-14 전후륜 지상고에 의한 에어로 밸런스

지상고 튜닝은 주로 서스펜션 스프링을 이용하여 이뤄진다.

일반적으로 지상고가 낮을수록 공기역학적 이득은 커지고 하중 이동량은 적어지기 때문에 레이스카에 유리하다.

하지만 지상고가 낮아질수록 스프링이 운동할 수 있는 공간이 작아지기 때문에 더 단단한 스프링을 사용하여 차체 바닥이 노면에 닿는 것을 막아야 한다. 서킷 내 연석의 높이 또한 지상고 튜닝 시 감안해야 한다.

차체 바닥과 노면의 수평면이 이루는 각을 레이크각(Rake Angle)이라고 하는데, 일반적으로 F1 차량에서는 전륜의 지상고가 후륜의 지상고보다 더 낮은 Positive Rake Angle 세팅을 가져간다. 이러한 지상고 형태는 차량 하부 전체를 거대한 디퓨저 형태로 만들어줘 다운포스 생성에 유리한 것으로 알려져 있다.

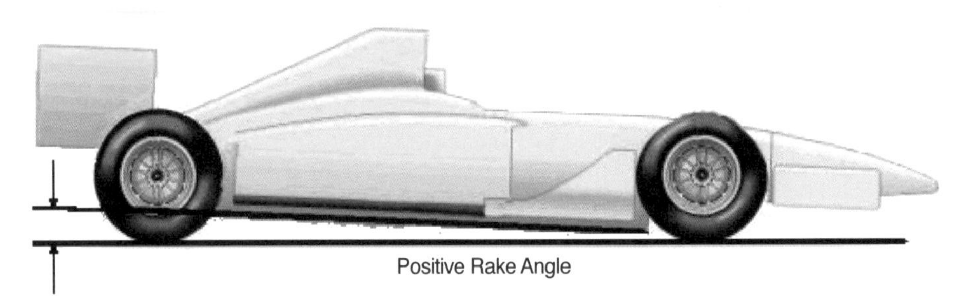

그림 4-15 F1 차량에 주로 적용되는 레이크각

지면 효과(Ground Effect)란?

- 차량 하부 공기 유속을 빠르게 하여, 차량 하부의 공기 압력을 낮춤으로써, 다운 포스를 발생시키는 효과이다. 지면 효과 원리는 **베르누이 법칙**으로 설명할 수 있다.

$$P+\frac{1}{2}pv^2+pgh=Constant$$

- 베르누이 방정식은 유체에서의 에너지 보존 법칙으로 아래와 같다.
- 흐르는 유체에서 정적압력에너지, 속도에 의한 동적압력에너지(운동에너지), 유체의 위치에너지 합은 항상 일정하다는 법칙이다.

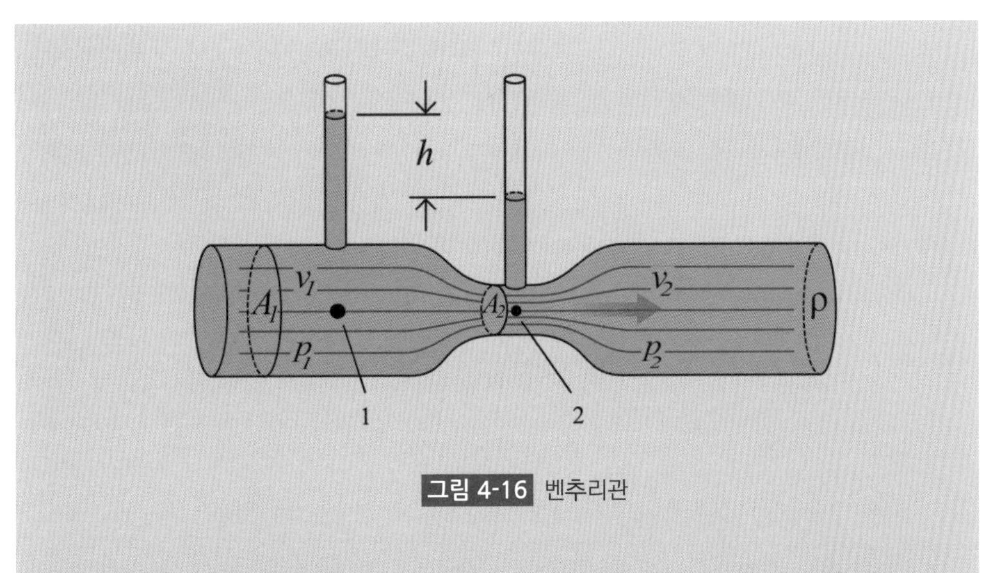

그림 4-16 벤추리관

- 벤추리관에서 단면적이 줄어드는 2번 지점에서 유체 압력에 대해 알아보면 다음과 같다.
- 1번 지점과 2번 지점에서 유량은 일정하기 때문에, 2번 지점의 단면적이 줄어든 만큼, 2번 지점에서 유속은 빨라진다. (유량 = 단면적 × 유속)
- 1번 지점과 2번 지점의 유체 에너지 합은 일정하기 때문에, 2번 지점에서 유속이 빨라진 만큼, 압력은 줄어든다. (유체 압력 + 유체 운동에너지 + 유체 위치에너지 = 일정)

위 벤추리관에서 베르누이 법칙을 차량 하부에 적용해 보면 그림 4-17 와 같다.

차량의 하부는 공기를 유체로 하는 거대한 벤추리관과 같다.

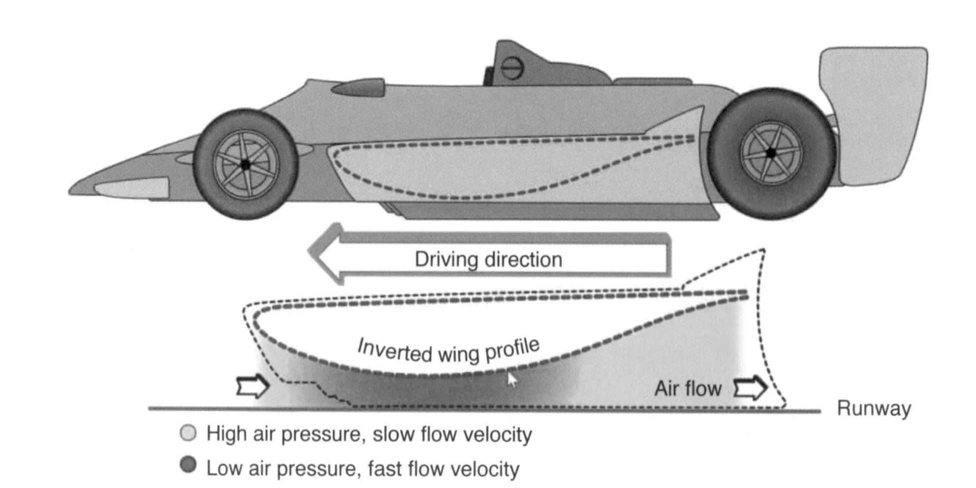

그림 4-17 F1 차량의 차량 하부 형상에 의한 지면 효과

차량 하부의 공간이 좁을수록, 하부 공기의 흐름이 원활하고 빠를수록, 차량 하부의 압력은 낮아진다. 차량 상부 대비 차량 하부의 압력이 낮아지면서 이 압력차로 인해 다운포스가 발생한다.

그림 4-18 디퓨저 (왼쪽), 차량 하부 언더 커버(오른쪽)

그림 4-19 사이드 스커트(위), 팬(Fan) 장치가 적용된 맥머트리 스피어링(아래)

지면 효과를 증가시켜주는 파츠는 다음과 같다.

① **디퓨저** : 차량 하부 공기가 배출되는 뒷부분의 단면적을 급격히 키워, 차량 후방에 고압이 형성되고, 이로 인해 차량 하부의 압력을 더 낮추는 효과를 만든다.

② **차량 하부 언더 커버** : 차량 하부 언더 커버를 통해, 차량 하부의 공기 흐름이 걸리는 것 없이 더 원활하고 빠르게 흘러갈 수 있게 만든다.

③ **사이드 스커트** : 차량 하부 공기가 측면으로 빠져나가지 못하게 막아, 더 빠른 하부 공기 흐름을 만든다.

④ **팬(Fan) 장치** : 차량 후방에 팬을 장착하여 강제로 차량 하부 공기를 빨아들여 공기 흐름을 빠르게 만들고, 이로 인해 지면 효과를 증가시킨다.

(2) 날개(Wing)

대표적인 공기역학 파츠로 리어윙을 들 수 있다.

그림 4-20과 같이 날개 윗부분에는 고압, 날개 아랫부분에는 저압이 형성되면서 다운포스를 발생시킨다.

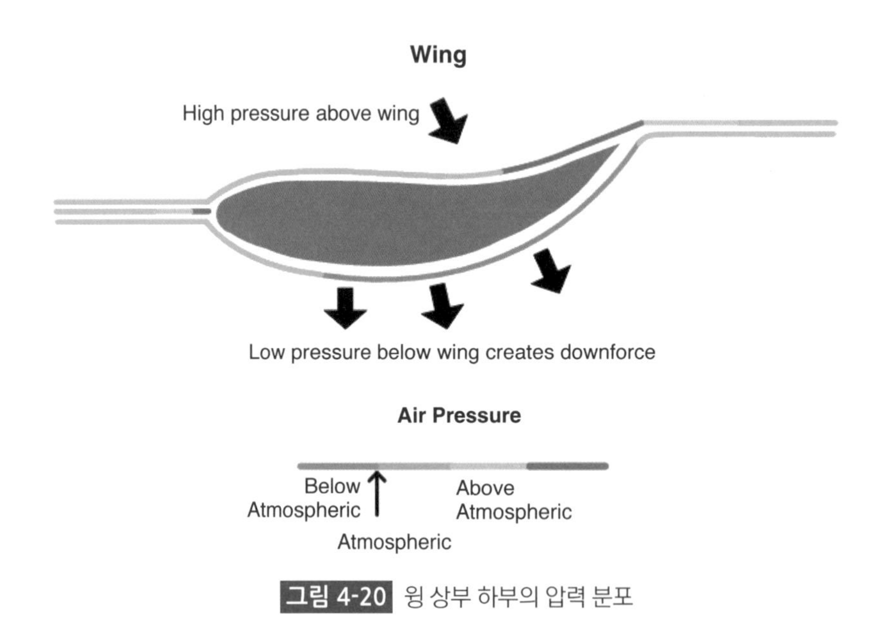

그림 4-20 윙 상부 하부의 압력 분포

윙의 각도인 받음각이 커질수록 다운포스와 항력이 모두 증가한다. 단일 윙으로는 받음각이 더 커져도 다운포스가 커지지 않는 **임계 각도**가 존재한다. 이를 극복하기 위해 다중 윙을 사용하여 보다 큰 받음각과 다운포스를 만들어낸다.

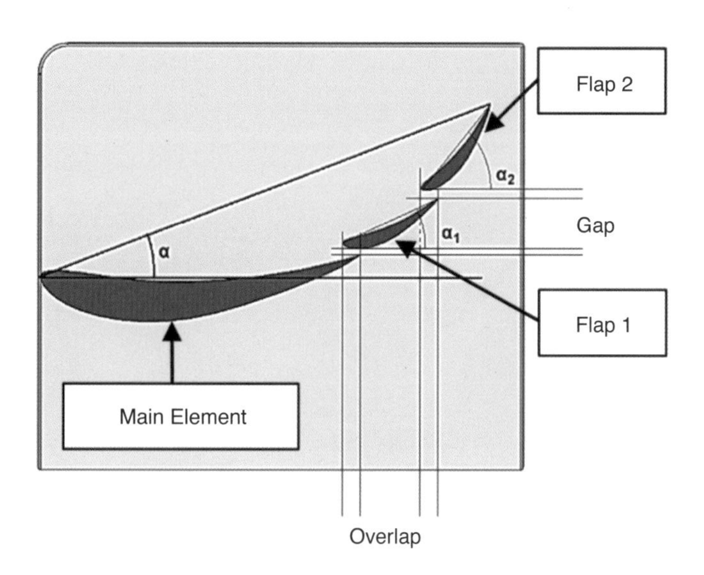

그림 4-21 다중 윙을 이용한 보다 큰 받음 각 세팅

표 4-2 받음각과 다운포스 계수 및 항력 계수

윙의 수	받음각	Cl(Downforce Coef)	Cd(Drag Coef)
1	12도	1.2	0.3
2	20도	2.2	0.7
3	26도	3.0	1.2

F1 차량은 프런트윙, 리어윙이 둘다 있기 때문에, 두 윙의 다운포스 밸런스를 조절하여 핸들링 밸런스를 조절할 수 있다. 하지만 일반 양산 차량에서는 프런트 스플리터와 리어윙 조합을 사용하는 경우가 많다. 따라서 리어윙 각도를 조절하며 핸들링 밸런스를 맞추는게 일반적이다.

리어윙 각도를 변경하며 에어로 밸런스 조절과 함께 직선 구간 종속을 비교하며 튜닝을 진행한다. 리어윙 받음각이 커질수록 고속에서 후륜 접지력은 상승하고, 오버스티어 경향은 줄어든다.

그림 4-22 오펠 아스트라 TCR 레이스카의 에어로 파츠

다운포스 측정 방법

레이스카에서 다운포스를 측정하는 방법에 대해 간단히 소개해 본다.

① 이 값들을 구하기 위해 차량에 응력 게이지(Strain Gauge) 센서가 장착되어야 한다.

② 각 휠마다 응력 게이지를 장착하여 휠에 걸리는 하중을 측정할 수 있다. 보통 서스펜션 푸시 로드 끝부분에 장착할 수 있도록 만들어진 센서를 사용한다.

그림 4-23 푸시로드 끝단에 장착된 응력 게이지

③ 응력 게이지가 장착된 차량에서 다운포스를 측정하기 위해 일정 속도로 직선 주행하는 시험을 실시한다. (보통 공기 역학 영향이 큰 150 km/h 이상의 속도)

④ 일정 속도로 주행하게 되면 가속도가 없는 상태이기 때문에, 가속도에 의한 하중 이동을 고려하지 않아도 된다.

⑤ 50km/h 속도(공기역학 힘이 없는 속도)에서 응력 게이지 값을 확인하여, 이를 영점으로 맞춰 두고, 150km/h 이상의 속도로 정속 주행을 하며 응력 게이지 값을 확인한다.

⑥ 이와 같은 방법으로, 속도 별로 전후륜에 작용하는 다운포스를 알 수 있다. 전후륜 다운포스 비율(에어로 밸런스)까지 구할 수 있고, 다운포스 압력 중심점까지 알 수 있다.

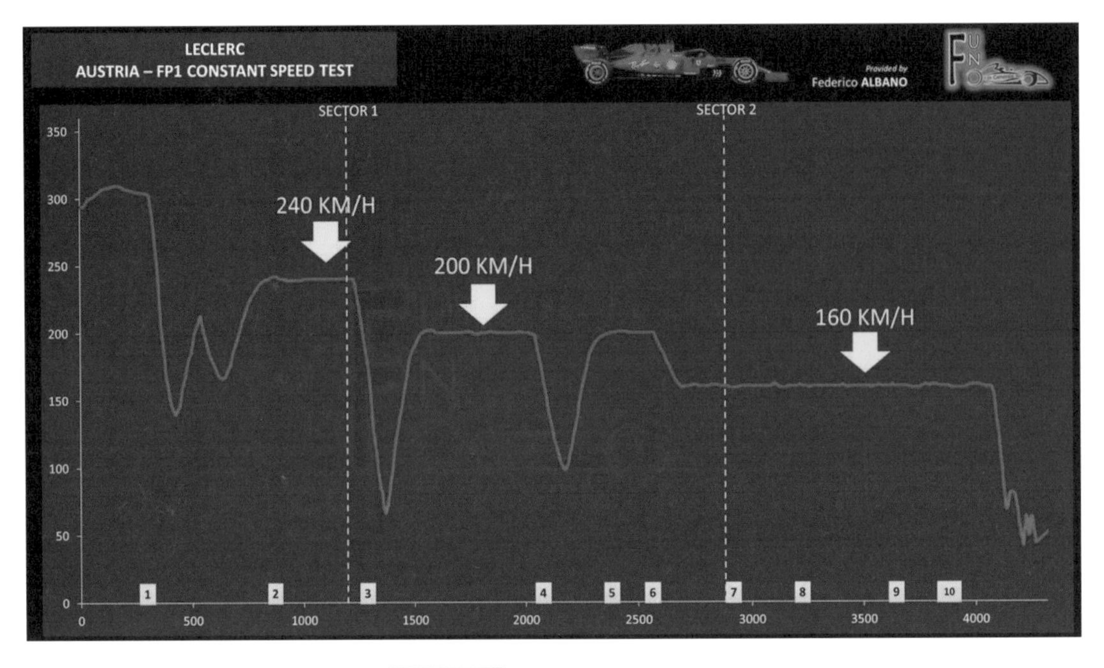

그림 4-24 F1 차량에서 일정 속도 주행 시험

부록 Aim Solo2 DL 데이터 로거 및 RS3 간단 사용법

1. Aim Solo2 DL 하드웨어 설정

Solo2 DL 장비는 보통 석션컵을 이용하여 전면 유리창에 고정하고, 전원 및 차량 CAN 케이블 하나와 SmartyCAM과 이어진 케이블 하나를 하드웨어 장비 아랫부분에 각각 연결한다.

Aim Solo2 DL 하드웨어 특징으로 계측한 데이터를 전송을 위해 PC와 연결 시, Wi-Fi 연결을 통해 데이터 전송이 이뤄진다는 것이다.

Aim Solo2 DL 장비의 간단한 스펙은 다음과 같다.

- 내장 메모리 용량은 4GB
- 25Hz GPS
- ECU 연결을 통한 CAN 데이터 계측 지원
- 내장 가속도 센서 및 자이로 센서

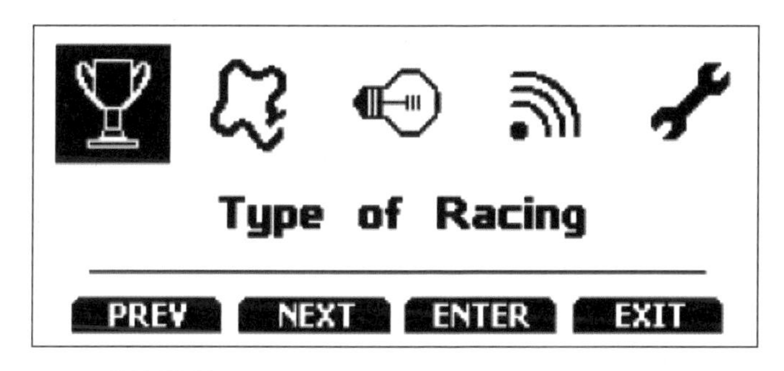

그림 1 Aim Solo2 DL 장비에서의 디스플레이 화면

장비의 디스플레이 [사진1] 화면을 통해 설정할 수 있는 항목으로 다음과 같다.

① Type of Racing

서킷의 랩타임을 측정할 것인지(Speed), 제로백을 측정할 것인지(Performance)를 선택할 수 있는 항목이다.

② Track Management

이 항목에서 새로운 트랙을 직접 만들 수도 있고, 기존 Aim에서 지원하는 서킷 맵을 선택하여 불러올 수 있다.

③ Backlight

Aim Solo2 DL 하드웨어 디스플레이 색상을 선택할 수 있는 항목이다.

④ Wi-fi

Aim Solo2 DL 장비는 PC와 Wi-fi를 이용하여 연결된다. 항상 ON 상태로 설정해두면 된다.

⑤ Configurations

표시 단위, 언어, 날짜, 시간을 선택할 수 있다.

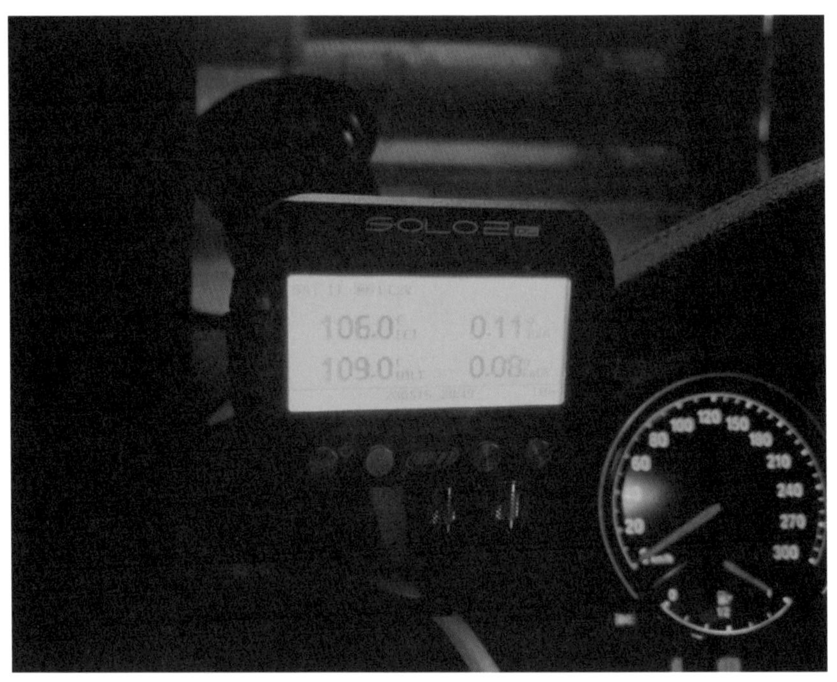

그림 2 설치가 완료된 Aim Solo2 DL 장비

2. RS3(RaceStudio3) 프로그램을 통한 기본 설정

먼저 Aim 홈페이지에서 RaceStudio3 프로그램을 다운 받는다.

AiM – Software/Firmware download (aim-sportline.com)

RS3 프로그램에서 Aim Solo2 DL과 SmartyCAM의 Configuration 파일을 만들 수 있다.

Aim Solo2 DL을 통해 어떤 데이터를 받을지, Aim Solo2 DL 디스플레이에 어떤 데이터를 표시할지 (최대 4개 표시 가능), SmartyCAM으로 촬영한 동영상 화면에 어떤 데이터를 표시할지 등을 RS3 프로그램에서 직접 설정하여 Configuration 파일을 만들 수 있다.

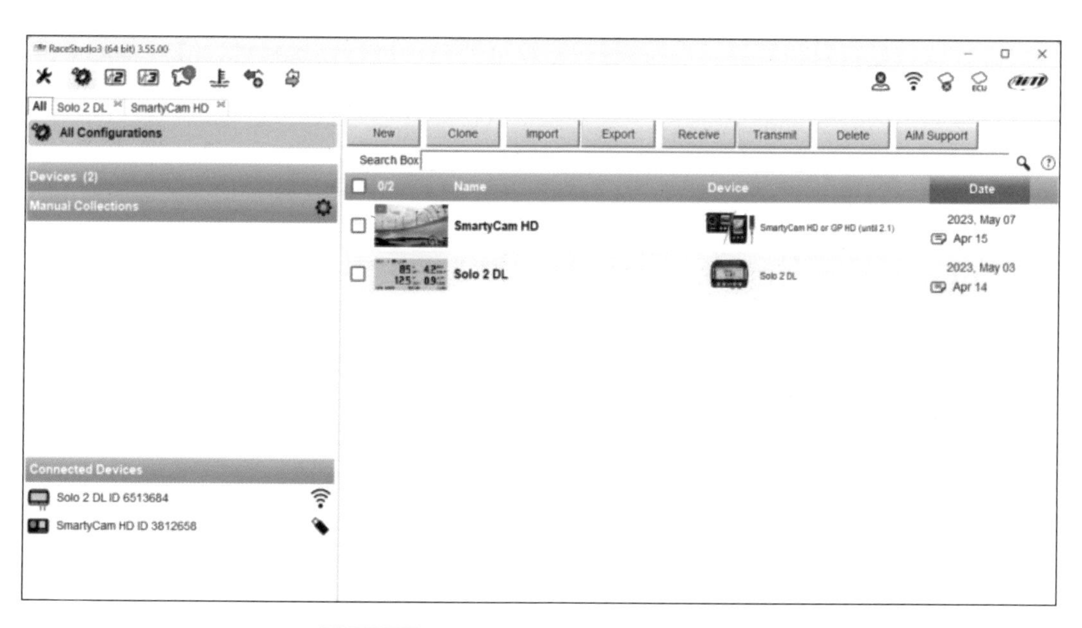

그림 3 RS3 프로그램의 Configurations 창

화면의 왼쪽 아래의 Connected Devices 창을 통해 Solo2 DL 하드웨어 장비와 SmartyCAM이 PC와 연결되었는지 아닌지 확인할 수 있다.

Solo2 DL의 경우 Wi-Fi를 이용한 연결, SmartyCam HD의 경우 USB mini 5-pin 케이블을 이용하여 PC와 연결한다.

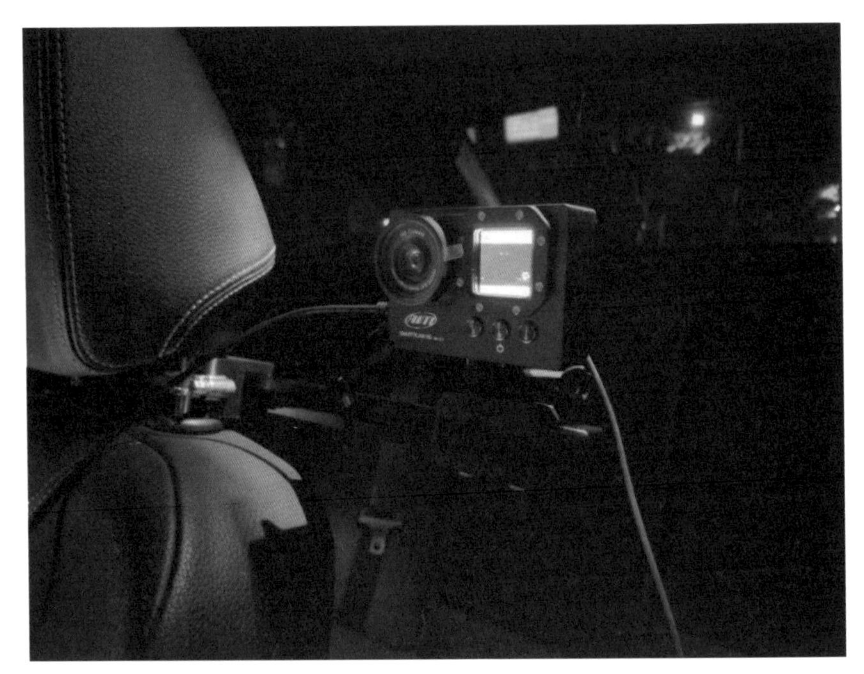

그림 4 5-pin USB 케이블을 SmartyCAM 좌측에 연결한 모습

Configuration 파일 만들기

화면의 왼쪽 위의 Configurations를 선택 → New 선택 → Solo2 DL / SmartyCAM HD 선택

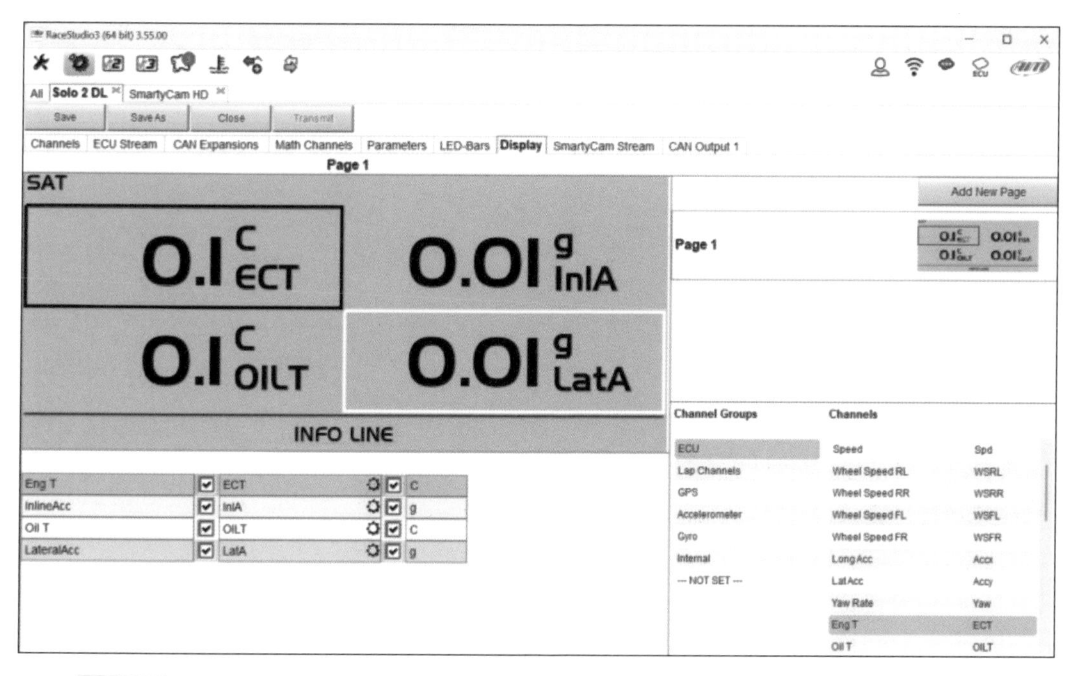

그림 5 Solo2 DL 장비의 Configuration을 만드는 창

다른 탭은 기본 설정으로 놔둬도 크게 상관없지만, Display 탭은 본인이 주행 중 확인하고 싶은 데이터를 최대 4개까지 선택하여 Configuration 파일을 만든다.

SmartyCAM으로 촬영한 영상에 표시하고 싶은 데이터가 있을 경우, **그림 5** 의 SmartyCAM Stream 탭에서 선택해 준다.

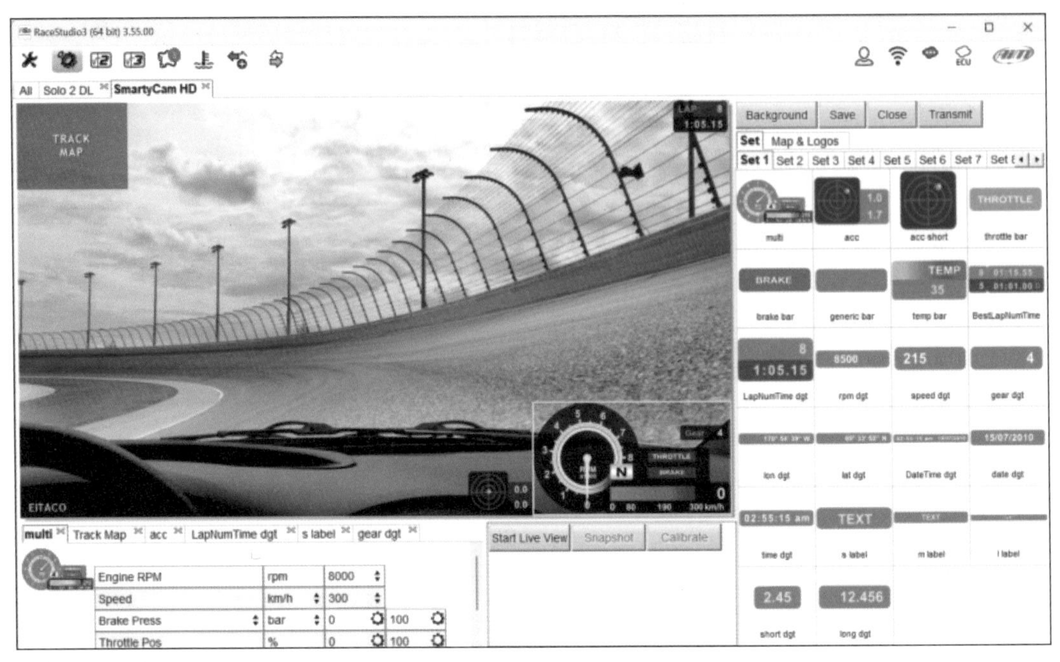

그림 6 SmartyCAM 장비의 Configuration을 만드는 창

SmartyCAM의 Configuration 파일은 영상 위에 데이터를 같이 표시하여 볼 수 있도록 미리 설정해 놓는 파일이다. 그림 6 과 같이 본인이 원하는 모양의 데이터 아이콘을 화면에 배치하여 저장한다.

Configuration 파일을 다 만들었다면, 장비가 PC와 연결된 상태에서 Transmit 버튼을 눌러 Solo2 DL과 SmartyCAM으로 전송하면 만들었던 Configuration 파일이 장비로 다운로드 되고 기본 설정은 완료된다.

3. Solo2 DL 데이터 확인 및 다운로드

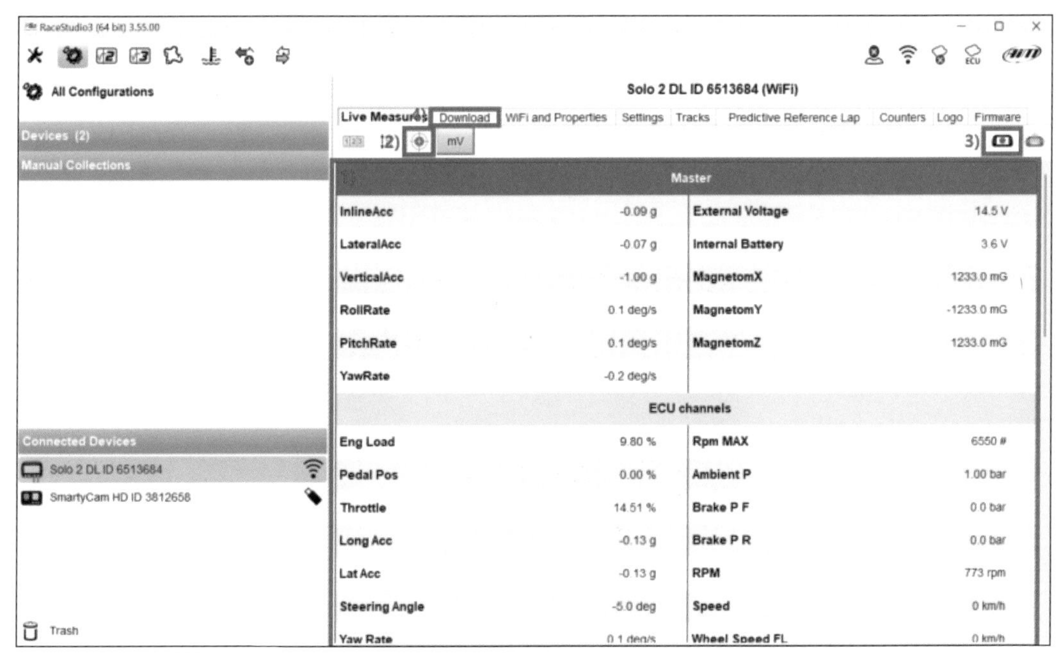

그림 7 실시간으로 데이터가 계측되는 것을 확인할 수 있는 창

① **그림 7** 과 같이 Solo2 DL 장비를 PC와 Wi-fi를 통해 연결을 하게 되면, Live Measures 화면에서 실시간으로 어떤 시그널이 들어오는지 확인 가능하다.

② Live Measures 탭 바로 아래 파란색 점 아이콘을 통해 Solo2 DL 내부 가속도 및 자이로 센서 영점 보정을 할 수 있다.
센서 영점 보정은 꼭 지하 주차장과 같이 노면 굴곡 없는 평지에서 진행하는 것이 좋다.

③ 화면의 오른쪽 위 빨간색 점 아이콘을 통해, 데이터를 직접 Start/Stop 하여 계측할 수 있다.(단 이 방법을 사용할 때는 계측하는 동안 PC와 Wi-fi 연결을 유지해 두어야 한다.)

④ 계측된 데이터를 이 탭에서 PC로 다운로드할 수 있다.

4. SmartyCAM HD 영상 확인 및 다운로드

그림 8 실시간으로 영상이 어떻게 찍히는지 확인할 수 있는 창

① SmartyCAM과 PC를 USB 케이블을 통해 연결한 뒤, Start Live View 버튼을 클릭하면, 위 그림과 같이 카메라에서 영상이 어떻게 찍히고 있는지 촬영 화면을 PC에서 확인할 수 있다.
Configuration 파일을 만들 때 배치했던 데이터 아이콘이 화면에 제대로 표시되는지도 확인해 본다. Live View 화면을 보면서 캠 위치를 조정하면 편하게 세팅할 수 있다.

② 마찬가지로, 오른쪽 하단에서 가속도 센서값 영점 보정을 할 수 있다.

③ 영상 촬영이 완료되고 나서, Download 탭에서 영상을 PC로 다운로드할 수 있다.
Aim Solo2 DL과 연결이 되어 있다면, Aim 데이터 계측 시작 시 자동으로 영상 촬영도 시작된다.

5. RaceStudio3 프로그램에서 다운로드 완료된 데이터 확인

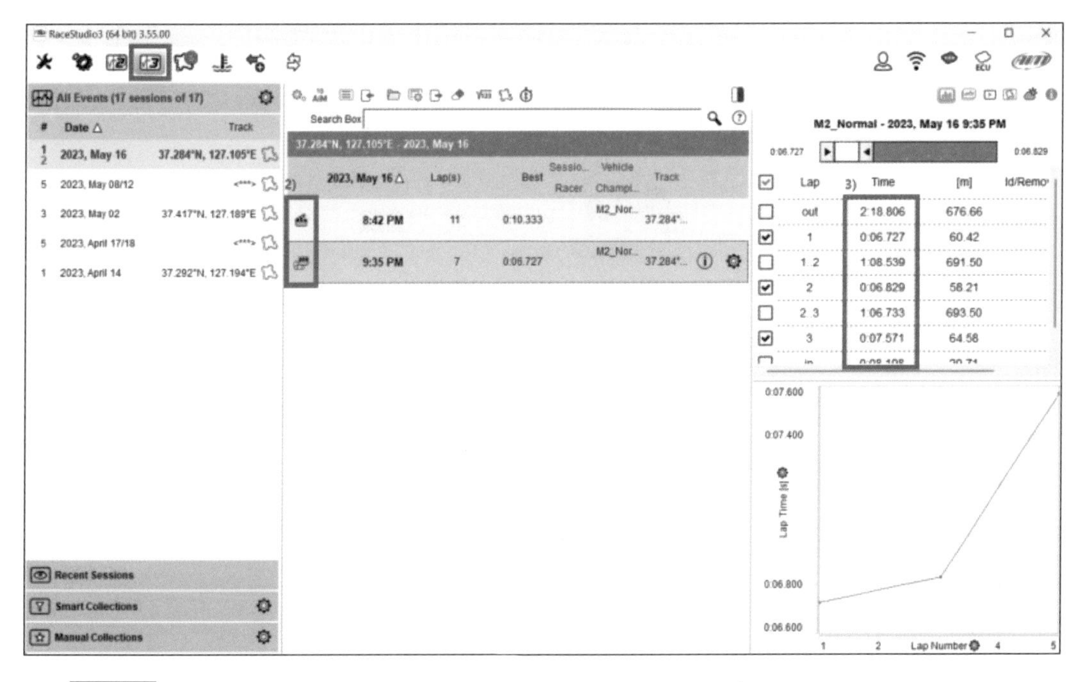

그림 9 장비에서 다운로드한 데이터와 영상 파일의 정보를 볼 수 있는 창

① 계측한 데이터를 PC로 다운로드 후, 왼쪽 위의 3이라고 표시된 아이콘을 선택하면 위와 같은 화면을 볼 수 있다. 총 3개 파트로 나눠져 있고, 왼쪽은 날짜별로 데이터를 구분할 수 있게 되어 있고, 가운데 부분은 메인 파트로 해당 날짜에 저장된 데이터 파일을 볼 수 있다.

② 가운데 칼럼에서 데이터 파일에 여러 정보를 볼 수 있는데, 왼쪽부터 데이터 유형, 데이터 저장 시간, 랩 수, 베스트 랩타임, 트랙 정보 등을 확인할 수 있다.

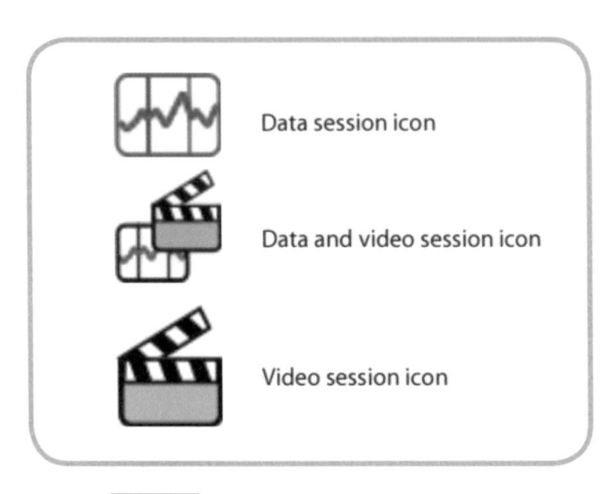

그림 10 아이콘 모양에 따른 데이터 유형

③ 가운데 파트에서 데이터를 선택하면 오른쪽 파트에서 각 랩 별 랩타임 및 속도 그래프를 간략히 확인할 수 있다.

6. RaceStudio3 Analysis (단일 데이터)

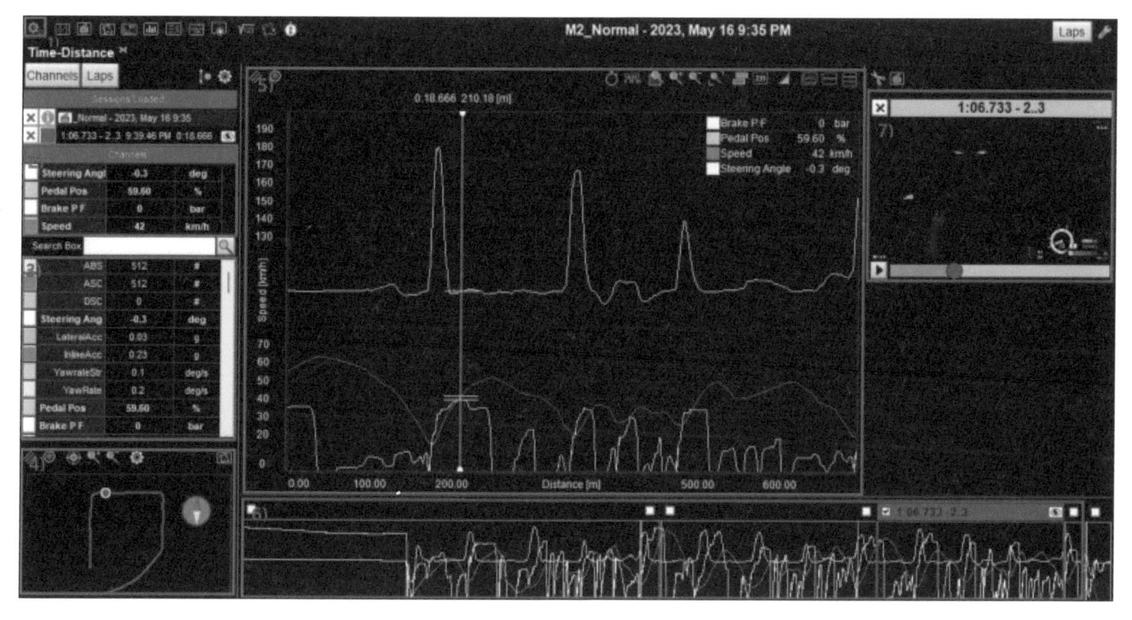

그림 11 단일 데이터 분석 화면

① 이 아이콘에서 Profile 파일을 만들 수 있다. Profile 파일이란 현재 보이는 Analysis view의 모든 설정 값(데이터 색, 데이터 순서, 데이터 스케일, 배경화면 색, 데이터 창 크기 등)이 저장되어 있는 설정 파일이다.

자신이 사용하기 쉽게 데이터 스케일, 표시 색깔, 순서 등을 정해 화면을 구성하고 저장해 놓으면 다음 데이터 분석 시 편하게 데이터 확인을 할 수 있다.

② 사용자가 데이터 확인을 위해 선택한 데이터 리스트이다. 여기 있는 선택된 데이터들만 오른쪽 "Time-distance" 창에서 그래프로 확인할 수 있다.

③ 계측된 데이터 시그널 전체를 확인할 수 있는 창이다. 이곳에서 자세히 보고 싶은 데이터를 찾아 한번 클릭하면 2번 창으로 데이터가 올라가는 것을 확인할 수 있다.

④ 지도에서 데이터가 계측된 경로를 보여주고, 커서에 따라 트랙에서의 위치를 점으로 표시해 준다.

⑤ 데이터 그래프를 확인할 수 있는 메인 창이다. x축을 시간에 따라 또는 거리에 따라 바꿀 수 있다. 데이터 분석 시 가장 많은 시간을 보내게 되는 창이다.

⑥ "Story board" 창으로, 전체 데이터가 랩 별로 쪼개져 있는 것을 볼 수 있다. 원하는 랩을 선택하면 5번 창에 해당 데이터가 표시된다.

⑦ 계측된 데이터에 맞게 싱크된 동영상을 볼 수 있다. 그래프 창에서 커서가 이동함에 따라 해당 영상에서의 위치도 같이 움직여 데이터 분석을 쉽게 할 수 있다.

7. RaceStudio3 Analysis (2개 데이터 오버레이)

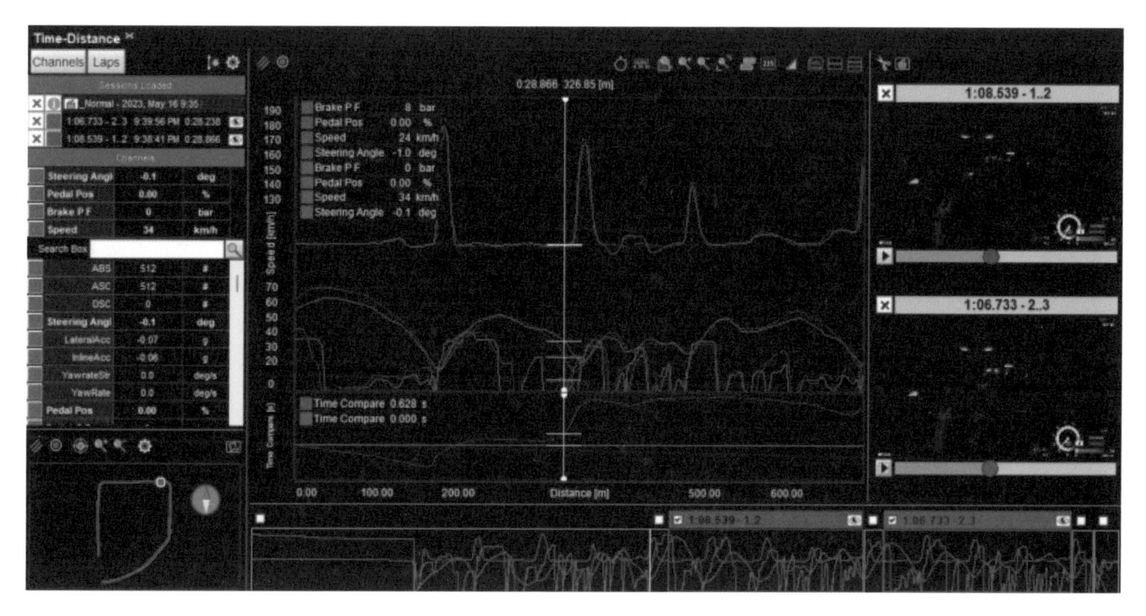

그림 12 데이터 오버레이 화면

같은 데이터 내에서 두 개의 다른 랩을 선택하여 비교할 수도 있고, 다른 데이터에서 각각의 랩을 비교할 수도 있다.

두 개의 데이터를 선택했을 때, 시그널 색깔은 기존의 색깔을 따르지 않고, 랩 별로 통일된다. (위 예시의 경우 첫 번째 랩은 빨간색, 두 번째 랩은 파란색)

메인 데이터 그래프 아래에 Delta-T 그래프가 추가된다.

참고문헌

〈레이싱카 디자인〉 Derek Seward, 좋은땅, 2021
〈김남호의 F1 스토리〉 김남호, 42 MEDIA CONTENTS, 2023
〈차량동역학〉 김상섭, 진샘미디어, 2002
〈Analysis Techniques for Racecar Data Acquisition 2nd edition〉 Jorge Segers, SAE International, 2014
〈Going Faster〉 Carl Lopez, Bentley Publishers, 1997

자료 출처

[그림 1–1] : Tech Explained: Data Acquisition - Racecar Engineering (telegraph.co.uk)
[그림 1–2] : AiM SmartyCam HD Rev.2.1 - Accessories and spare parts (aimsports.com)
[그림 1–2] : Racelogic VBOX Video HD2 HDMI - Track Package (darksidedevelopments.co.uk)
[그림 1–3] : https://racechrono.com/
[그림 1–4] : OBDLink MX+ User Guide (manuals.plus)
[그림 1–6] : THE 3 ADVANTAGES OF VBOX RACELOGIC - Lorrtec Racing Parts (lorrtec-racing-parts.com)
[그림 2–1] : 마찰력(naver.com)
[그림 2–2] : [여러가지 힘] 마찰력(Frictional F.. : 네이버블로그 (naver.com)
[그림 2–3] : Race Engineering: How tyre temperature affects grip (yourdatadriven.com)
[그림 2–4] : Why Are F1 Tires Covered? - One Stop Racing
[그림 2–5] : Hankook Slick Tires – Hankook Motorsports
[그림 2–6] : The Absolute Guide to Racing Tires - Part 1 - Lateral Force (racingcardynamics.com)
[그림 2–7] : Motor City Tunes GT6 | Page 10 | GTPlanet
[그림 2–8, 9] : Variation of frictional coefficient to slip ratio. | Download Scientific Diagram (researchgate.net)
[그림 2–10] : [PDF] Nonlinear tire lateral force versus slip angle curve identification | Semantic Scholar
[그림 2–11] : What is 'Circle of Friction '? | ResearchGate
[그림 2–12, 13] : https://zir.nsk.hr/islandora/object/fsb:2555/datastream/PDF/download
[그림 2–14] : The Bendix Brake System Guide | Bendix Brakes
[그림 2–15] : 주행저항 (naver.com)
[그림 2–16] : Acceleration of Gravity (webassign.net)
[그림 2–17] : Downforce in Formula 1: The Invisible Force Behind Speed and Performance - Las Motorsport (las-motorsport.com)
[그림 2–18, 19] : Centripetal Force: Definition, Examples, & Equation (sciencefacts.net)
[그림 2–21] : Vehicle Axis System ISO 8855-2011). | Download Scientific Diagram (researchgate.net)
[그림 2–22, 23] : 오버스티어 (r78 판) - 나무위키 (namu.wiki)
[그림 3–6] : Leclerc Vs Verstappen | Side-By-Side Qualifying Comparison | 2022 Bahrain Grand Prix – YouTube

[그림 3–11] : Hamilton vs Verstappen – The data that shows what was really happening in the cockpit during their Bahrain battle | Formula 1®
[그림 3–12] : Here's How a Wide Body Kit Can Benefit Your Porsche (darwinproaero.com)
[그림 3–15] : The one thing you learned/did that made you faster? | FerrariChat
[그림 3–18] : Analysis Techniques For Race Car Data Acquisition PDF | TOAZ.INFO(위 책의 7장 그림 참조)
[그림 3–31] : ABS M5 Kit | Bosch Motorsport (bosch-motorsport.com)
[그림 3–32] : Motorsport ABS; why you need it! | (worldtimeattack.com)
[그림 3–33] : Mercedes-AMG GT Black Series – DRIVERS COLLECTIVE (wordpress.com)
[그림 3–37] : The Physics Of: Oversteer - Feature - Car and Driver
[그림 3–42] : What is the difference between ABS and EBS? - ETransaxle
[그림 3–43] : 2023 Porsche 911 GT3 RS Interior Dimensions: Seating, Cargo Space & Trunk Size - Photos | CarBuzz
[그림 3–44, 45] : Driving the racing line: turn-in, apex, exit – Drivingfast.net
[그림 3–46] : Double Apex Corners | Netrider - Connecting Riders!
[그림 3–48] : Suzuka International Racing Course – Wikipedia
[그림 3–49] : 12 tips for the racing line | BMW.com
[그림 4–1] : BMW - Perfect Balance, Perfect Performance – YouTube
[그림 4–5] : Choosing Tire Pressure using Static Contact Patch Measurements | Kelvin Tse (kktse.github.io)
[그림 4–6, 7] : How Much Camber is Too Much Camber? – DriverMod
[그림 4–8] : Car wheel alignment explained | Align My Wheels
[그림 4–9] : Formula 1 tech: Merc's 'dual-axis steering' system explained (topgear.com.ph)
[그림 4–10] : KW Height Adjustable Lowering Spring Kit, Audi R8 With Magnetic Ride, - A Little Tuning Co
[그림 4–11] : www.yourmechanic.com/article/what-does-a-sway-bar-do sway bar suspension - Google 검색
[그림 4–12] : Lamborghini Huracan KW Suspensions V5 Coilovers - Soul Performance ProductsSoul Performance Products (soulpp.com)
[그림 4–13, 14] : AirShaper - How aero maps can improve race car performance – Video
[그림 4–15] : www.yourmechanic.com/article/what-does-a-sway-bar-do sway bar suspension - Google 검색
[그림 4–16] : Venturi effect – Wikipedia
[그림 4–17] : Category:Ground effect (automotive) - Wikimedia Commons
[그림 4–18] : Size M Race Diffuser - Carter's Customs, LLC (c2aero.com), Aerodynamics of Engine Cooling – Part 2 « omgpham…
[그림 4–19] : 15 Civic ideas | civic, honda civic coupe, civic coupe (pinterest.co.kr), The returning fan car revolution that could suit F1 (motorsport.com)
[그림 4–20] : Car Aerodynamics Basics, How-To & Design Tips~FREE! (buildyourownracecar.com)
[그림 4–21] : [PDF] Aerodynamic optimisation of Formula student vehicle using computational fluid dynamics | Semantic Scholar
[그림 4–22] : Opel Astra TCR Aerodynamics | GM Authority
[그림 4–23] : Push Your Motorsports Team to the Limit with ITM's Rod End Load Cell Expertise | ITM (itestsystem.com)
[그림 4–24] : Ferrari did a lot of constant speed test today: this is an example of an entire lap of test. But they took every moment they had to try to make some of this, even in the cool down laps! you could see from the data that they were testing at constant speed. Always 3 speeds: 240, 200 and 160 km/h : r/formula1 (reddit.com)

레이싱 데이터 분석기법과 활용

초판 인쇄 | 2024년 1월 3일
초판 발행 | 2024년 1월 10일

저　　자 | 정상명
발 행 인 | 김길현
발 행 처 | (주) 골든벨
등　　록 | 제 1987 – 000018호
ISBN | 979 – 11 – 5806–677–2
가　　격 | 20,000

표지 및 디자인 | 조경미 · 박은경 · 권정숙
웹매니지먼트 | 안재명 · 서수진 · 김경희
공급관리 | 오민석 · 정복순 · 김봉식
제작 진행 | 최병석
오프 마케팅 | 우병춘 · 이대권 · 이강연
회계관리 | 김경아

(우)04316 서울특별시 용산구 원효로 245(원효로 1가 53–1) 골든벨 빌딩 5~6F
• TEL : 도서 주문 및 발송 02–713–4135 / 회계 경리 02–713–4137
내용 관련 문의 02–713–7452 / 해외 오퍼 및 광고 02–713–7453
• FAX : 02–718–5510　• http : //www.gbbook.co.kr　• E–mail : 7134135@naver.com